# 学会选择
# 感受快乐

沛霖·泓露 / 编著

人生面临的选择不计其数，
而且时刻存在于我们周围。

珍藏本
Public class West Point

中国商业出版社

**图书在版编目（CIP）数据**

学会选择　感受快乐 / 沛霖·泓露编著. -- 北京 :
中国商业出版社，2015.2
ISBN 978-7-5044-8851-0

Ⅰ. ①学… Ⅱ. ①沛… Ⅲ. ①成功心理学－通俗读物
Ⅳ. ①B848.4-49

中国版本图书馆CIP数据核字(2015)第025270号

**责任编辑：姜丽君**

中国商业出版社出版发行
010-63180647　　www.c_cbook.com
(100053　北京广安门内报国寺1号)
新华书店总店北京发行所经销
北京凯达印务有限公司印刷
*
720×1000毫米　16开　17印张　200千字
2015年11月第1版　2018年6月修订第1次印刷
定价：46.80元
* * * *

# 前 言

## 选择正确的人生

人生是一部选择的历史。从我们来到这个世界，就在不停地进行着各种各样的选择。在选择中我们作出取舍，在放弃中我们走向成熟。在你呱呱坠地时，你就选择了声音，放弃了沉默。当你第一次背上书包，跨进学校的大门，你就选择了知识，抛开了愚昧的束缚。当你继续升学，你就选择了继续深造，就放弃立即就业的想法。当你与一见钟情的他（她）相遇后，更是反复经受着选择的折磨。

选择决定了我们人生的方方面面，有的人成功，而有的人不成功。而这正是因为我们的选择未到，我们应该在生活的熔炉中把自己百炼成钢，以选择的光芒撕破消极人生的黑暗，向着光明的顶点前进吧！

池塘，因不敢穿透围堤渐渐腐臭了自己；早春的花，因不敢首先开放，而枯萎了心房；带罩的灯火，也只能把眼前的一寸照亮。你是否也曾唱着“走过岁月，才发现世界并不完美，成功与失败总有一些错觉”的黯然神伤，到头来，才发现那些错觉源自于因怕前行带来的惶恐而安于现状；还是，在某年的某一天，因为不敢突破自己而错失了机遇？你可知道古代的女子裹出了畸形美的“三寸金莲”的同时，也裹住了前行的脚步，循规蹈矩，也意味着给自己一个标尺来规划自己，结果，只有望着前行者的背影感慨。中国现代著名国画大师李可染曾这样说：踩着前人的脚印前进，最佳结果也只能是“亚军”。保守的人，是一种萎缩的生命，他们也只能跟在别人的身后，唯唯诺诺没有突破。

人类的每一次进步，都是对先前保守的舍弃，哥白尼舍弃了统治古希腊很久的“地心说”，才在《天体运行论》中阐明了日心说；布鲁诺接受并发展了哥白尼的日心说，通过望远镜观察天体发现太阳系只是无限宇宙中的一个天体系统，为行星三大运动定律的提出打下了基础，而后牛顿舍弃了认为苹果落地不足为奇的保守思想，提出了万有引力，爱因斯坦舍弃了保守，大胆突破，提出了光量子理论，奠定了量子力学的基础。随后又否定了牛顿的绝对时间和空间的定论，创立了震惊世界的相对论，因此可以这样说：真理是不断地打破保守主义的过程。

历史前进中的风云变化，细想起来，也是保守主义被逐渐淘汰掉的过程。著名学者袁行霈在作《中华文明史能给21世纪的人类什么启示？》的报告里说：中华文明在四大文明古国中不是最早的，但却是唯一没有中断过的。他认为其中的原因很多，但不断变革是其中之一。

人生亦是如此，如果你也想“路漫漫其修远兮，吾将上下而求索”而不想“驿外断桥边，寂寞开无主”；如果你不想想烈日下饥渴的鳄鱼，忍受着饥渴还固执地守着那干涸的池塘；如果你也渴望“长风破浪会有时，直挂云帆济沧海”；那么就请你抛弃保守主义的信仰吧，看过繁华，才能领略春的妩媚。置身郁葱，才能感知夏天的清凉；走进金色的稻田，才能饱览收获的香味；忍受了冬的寒冷，才能感知春天的温暖！抛弃保守主义的信仰，你才能尝到突破自己的喜悦。你的人生，不多不少，也许就差这一步，就是艳阳高照。

一本好书就像是一个最好的朋友。它始终不渝，过去如此，现在仍然如此，将来也永远不变。它是最有耐心、最令人愉快的伴侣。在我们穷困潦倒、临危遭难的时候，它也不会抛弃我们。会给我们心灵的慰藉和行动上的指南。

在轻松的阅读中，怀有不同心理需求的读者，都会从本书中获得精神上的享受和人生方面的启迪。在各位顶尖大师睿智思想的指引下，读者可以在较短的时间内了解生活中的各种规律，改变思维方式，获得鼓舞和安慰，摆脱生活中的困惑和烦恼，从容不迫地学习、工作和生活；积极调整好生活态度。勇敢地迎接人生的挑战：采取积极有效的行动，把握更多的机会；在不知不觉中，告别平凡的人生，给自己的生活带来奇妙的变化。

# 目 录

## 第一章 选择自己的快乐

有的人怎么也快乐不起来，其实这是因为他没有找到快乐之路。在我们的生活中，通往快乐的路只有一条，就是避免担心超出我们意志力之外的事，只要我们的心有了快乐的意念，就要大胆地去追。这正如布雷默所说：“真正的快乐是内在的，它只有在人类的心灵里才能发现。”。

## 第二章 选择是一种智慧

很多时候，一个人的苦乐成败，不在于外物的左右，而在于自己的心态和看待世界的角度，如果你用悲伤的眼光看待生活，那么你的生活就会暗无天日；如果你用乐观的眼光看待世界，那么你就会发现，生活到处隐藏着成功的玄机。

## 第三章　选择自己的人生

人生就是一连串的选择过程，每个人的前途与命运，完全掌握在自己手中。



## 第四章　选择的智慧

选择是我们对于一个人生存状态的衡量标准，也是一个成熟的人、刚强的人、有责任心的人不同于其他人的显著标志。一个人做事、做人没有选择，是很难有出头之日的。选择是成功者的商标，是魅力放射的灯塔，是意志锻炼的熔炉。一根小小的鹅毛在轻轻的微风吹动就会随处飘扬，而一棵根深叶茂的大树在暴风骤雨的打击下仍然坚强屹立，这就是生存的选择。一个人的选择从哪里来，它不是天生就有的，而是在岁月中逐渐积累和形成的，正像岁月会对我们的人生留下磨痕一样，岁月也会对我们生存的选择产生深刻影响，从而重塑我们的人生。

## 第五章　选择正确的思想

你的意志力量，是决定你成败的力量。要想成功，先要有正确的思想方法和思维方式。你思想所要的，都可以实现。



## 第六章　在浮躁与沉寂中选择心境

在这个浮躁的时代，我们的心灵似乎越来越脆弱，既容易变炎为热，也容易心灰意冷。炎热会让心性焦灼，冷漠会让灵魂孤独。为了生活得更随意、更自由、更放松，我们就要学会在浮躁与沉寂中变换心境。

## 第七章 观照生命的伦理

曾几何时，我们只把伦理局限于人与人之间，尤其是亲情之间的关系法则。其实，伦理就是一种平衡，它不仅考量人与人之间的关系，也考量人与自然，人与自身之间的冲突。因此，这里我们把生命伦理放在人与自身、人与亲情、人与社会、人与自然乃至人与动物之间的大背景下，进行考量，以求得一种生存理念，如何让人的生命获得质的提升。

# 第八章 选择纯真的感情

爱情，仿佛一支美妙的协奏曲，在青春的动人时刻悄然而至。然而，很多人却因自己的不解风情和缺乏技巧，破坏了本应和谐上演的音符。由于有些人不懂求爱的技巧幽默感，又自作聪明，粗枝大叶，羞于表达，不会来点甜言蜜语，使得爱神与之擦肩而过……而情场失意只有退回到被人遗忘的角落，黯然神伤。

# 第一章
# 选择自己的快乐

有的人怎么也快乐不起来，其实这是因为他没有找到快乐之路。在我们的生活中，通往快乐的路只有一条，就是避免担心超出我们意志力之外的事，只要我们的心有了快乐的意念，就要大胆地去追。这正如布雷默所说：“真正的快乐是内在的，它只有在人类的心灵里才能发现。”

## 快乐是一种感觉

快乐是什么？快乐是一种感觉，不同的人有不同的快乐。如果一个人能够做到顺其自然，率性而为地生活着，那么，快乐就会不期而至，他就会感受到身心的愉悦是一种快乐，情绪的欢畅也是一种快乐。这正如德国哲学家尼采所说：“生活的意义，便是把人生中各种遭遇化为火光。”这就是说，无论我们身处什么样的环境，我们都要认识到，即使我们突然遭遇到了灾难或挫折，不妨把它看成一场雷雨交加的狂风暴雨，哪怕当时感到惊慌无措，痛苦难当，但也不能失去对生活的希望。

根据一项研究发现，尽管每个人的生活背景及成长环境不同，但是，人人皆有相同的快乐，只是享受快乐的方法不同而已。

《百年孤寂》一书作者马尔克斯曾说：“快乐虽是目前已不风行的情感，我要尝试把快乐重新推动起来，使之风行，成为人类的一个典范。”那么，我们怎样才能做到这一点呢？我们不妨来看一个故事。

有一个百万富翁，每天在上午11点的时候，他的司机就会驾驶着一辆豪华轿车穿过纽约市的中心去公司。但是，坐在车里的百万富翁注意到：每天上午都有位衣着破烂的人坐在公园的凳子上死死盯着他住的旅馆。百万富翁对此产生了极大的兴趣，他要求司机停下车并径直走到那人的面前说："请原谅，我真不明白你为什么每天上午都盯着我住的旅馆看。"

"先生"，这个人答道，"我没钱，没家，没住宅，我只得睡在这长凳上。不过，每天晚上我都梦到住进了那所旅馆。"

百万富翁灵机一动，洋洋得意地说："今晚你一定梦想成真。我将为你在旅馆租一间最好的房间并付一个月房费。"

几天后，百万富翁路过这个人的房间，想打听一下他是否对此感到满意。然而，出乎他的意料这人已经搬出了旅馆，重新回到公园的凳子上。

当百万富翁问这人为什么要这样做时，他答道："一旦我睡在凳子上，我就梦见我睡在那所豪华的旅馆，真是妙不可言；一旦我睡在旅馆里，我就梦见我又回到了硬梆梆的凳子上，这梦真是可怕极了，以致完全影响了我的睡眠。"

这个故事告诉我们，快乐是一个人的心境，只有自己才是一切快乐的源泉，每个人若能有这样的认知，就愈能使自己幸福。其他所有的幸福，本质上都是不确定和不稳定的，只有我们在人生的每个阶段里，不断地努力拼搏，我们才能感受到自己才是唯一能够发掘幸福源泉的人。从这个理论出发，不管我们做什么事，都要把追求快乐的心摆在最前面。

然而，人类历史发展到现在，我们对物质生活的重视远远超过对自身精神和社会哲学的重视，导致了一些社会问题日益严重。德国哲学家黑格尔曾说："生活中的我们必须重视精神因素的作用，否则会受到应有的处罚。"

我们究竟如何才能得到快乐的生活，愉快地度过自己的一生呢？面笑心苦不是快乐，强作欢颜也不是快乐，快乐地生活并不是说我们的一生时时刻刻都在快乐，我们的生活中同样会存在着痛苦与烦恼，尤其是在面对一些困境的时候，也有心里的阴云，只是经过短暂的积淀之后，我们立刻变得乐观积极起来。这样，我们仍然能够从生活中得到快乐，并以它的力量来克服一切。

获得真正快乐的人生并不是几个幽默的故事、几句哲理名言就能达到，更多的时候，需要我们有一个愉快的心境。因为快乐与否，主要取决于心，只有我们心中觉得快乐，我们才是真正快乐的。

## 选择自己所需要快乐

人生的学问，其实就是“量需而行，量力而行”。要想获得快乐的人生，你最好不要一味地行色匆匆，不妨停下脚步，暂时休息一会儿，想一想自己需要什么，需要多少。想一想有没有这样的情况：有些东西明明是需要的，你却误以为自己不需要；有些东西明明不需要，你却误以为自己需要；有些东西明明需要得不多，你却误以为需要很多；有些东西明明需要很多，你却误以为需要极少……一张地图，一次人生，二者何其像也!

一个对生活极度厌倦的绝望少女，她打算以投湖的方式自杀。在湖边她遇到了一位正在写生的画家，画家专心致志地画着一幅画。少女厌恶极了，她鄙薄地睨了画家一眼，心想：幼稚，那鬼一样狰狞的山有什么好画的!那坟场一样荒废的湖有什么好画的!画家似乎注意到了少女的存在和情绪。他依然专心致志、神情怡然地画，一会儿，他说：“姑娘，来看看画吧。”她走过去，傲慢地睨视着画家和画家手里的画。少女被吸引了，竟然将自杀的事忘得一干二净，她真是没发现过世界上还有那样美丽的画面——他将“坟场一样”的湖面画成了天上的宫殿，将“鬼一样狰狞”的山画成了美丽的、长着翅膀的女人，最后将这幅画命名为“生活”。

少女的身体在变轻，在飘浮，她感到自己就是那袅袅婀娜的云……良久，画家突然挥笔在这幅美丽的画上点了一些麻乱的黑点，似污泥，又像蚊蝇。少女惊喜地说："星辰和花瓣!"

画家满意地笑了："是啊，美丽的生活是需要我们自己用心发现的呀!"

《我希望能看见》一书的作者彼纪儿·戴尔是一个几乎瞎了50年之久的女人，她写道："我只有一只眼睛，而眼睛上还满是疤痕，只能透过眼睛左边的一个小洞去看。看书的时候必须把书本拿得很贴近脸，而且不得不把我那一只眼睛尽量往左边斜过去。"可是她拒绝接受别人的怜悯，不愿意别人认为她"异于常人"。

小时候，她想和其他的小孩子一起玩跳房子，可是她看不见地上所画的线，所以在其他的孩子都回家以后，她就趴在地上，把眼睛贴在线上瞄过去瞄过来。她把她的朋友所玩的那块地方的每一点都牢记在心，不久就成为玩游戏的好手了。她在家里看书，把印着大字的书靠近她的脸，近到眼睫毛都碰到书本上。她得到两个学位：先在明尼苏达州立大学得到学士学位，再在哥伦比亚大学得到硕士学位。

她开始教书的时候，是在明尼苏达州双谷的一个小村里，然后渐渐升到南德可塔州奥格塔那学院的新闻学和文学教授。她在那里教了13年，也在很多妇女俱乐部发表演说，还在电台主持谈书和作者的节目。她写道："在我的脑海深处，常常怀着一种怕完全失明的恐惧，为了克服这种恐惧，我对生活采取了一种很快活而近乎戏谑的态度。"

然而在她52岁的时候，一个奇迹发生了。她在著名的梅育诊所施行了一次手术，使她的视力提高了40倍。一个全新的、令人兴奋的、可爱的世界展现在她的眼前。她发现，即使是在厨房水槽前洗碟子，也让她觉得非常开心。她写道："我开始玩着洗碗盆里的肥皂泡沫，我把手伸进去，抓起一大把肥皂泡沫，我把它们迎着光举起来。在每一个肥皂泡沫里，我都能看到一道小小彩虹闪出来的明亮色彩。"

当我们去审视和扪问自己的心灵，能否像彼纪儿·戴尔那样在肥皂泡沫中看到彩虹？生活中的阴云和不测、不知会使多少人活在自怨自艾的边缘，许多人早已习惯了用抱怨和悲伤去迎接生命的各种遭遇，由于自身内心世界的阴晦，使得原本明朗的生活变得泥泞而毫无希望。想想像彼纪儿·戴尔这样的人吧!也许我们可以在她们身上学到点什么。

用心去感受你眼中的可爱世界吧，阳光下洗碗盆的肥皂泡沫都是五彩缤纷的。生活的美与丑，全在我们自己怎么看，如果你将心中的丑陋和阴暗面彻底放下，然后选择一种积极的心态，懂得用心去体会生活，就会发现，生活处处都美丽动人。

对善于享受简单和快乐的人来说，人生的心态只在于进退适时、取舍得当。因为生活本身即是一种悖论：一方面，它让我们依恋生活的馈赠；另一方面，又注定了我们对这些礼物最终的舍弃。正如先师们所说：人生在世，紧握拳头而来，平摊两手而去。有一位住在深山里的农民，经常感到环境艰险，难以生活，于是便四处寻找致富的好方法。

## 选择快乐的态度

美国最出的推销专家克莱门特·斯通曾经说过："你对自己的态度，可以决定你的快乐与悲哀。如果你把自己看成弱者、失败者，你将郁郁寡欢，你的人生也不会有太大的作为；如果你把自己看成强者，成功者，你将快乐无比。"克莱门特·斯通在讲述该如何乐观地生活时，讲了一个故事：

有一次，听说来了一个乐观者，于是，我去拜访他。他乐呵呵地请我坐下，笑嘻嘻地听我提问。

"假如你一个朋友也没有，你还会高兴么？"我问。

"当然，我会高兴地想，幸亏我没有的是朋友，而不是我自己。"

"假如你正行走时，突然掉进一个泥坑，出来后你成了一个脏兮兮的泥人，你还会高兴么？"

"当然，我会高兴地想，幸亏掉进的是一个泥坑，而不是无底洞。"

"假如你被人莫名其妙地打了一顿，你还会高兴么？"

"当然，我会高兴地想，幸亏我只是被打了一顿，而没有被他们杀害。"

"假如你在拔牙时，医生错拔了你的好牙而留下了患牙，你还高兴么？”

“当然，我会高兴地想，幸亏他错拔了只是一颗牙，而不是我的内脏。”

“假如你正在瞌睡着，忽然来了一个人，在你面前用极难听的嗓门唱歌，你还高兴么？”

“当然，我会高兴地想，幸亏在这里嚎叫着的是一个人，而不是一匹狼。”

“假如你的妻子背叛了你，你还会高兴么？”

“当然，我会高兴地想，幸亏她背叛的只是我，而不是国家。”

“假如你马上就要失去生命，你还会高兴么？”

“当然，我会高兴地想，我终于高高兴兴地走完了人生之路，让我随着死神，高高兴兴地去参加另一个宴会吧。”

对于乐观者来说，生活中根本没有什么令人痛苦的，他们的生活永远是快乐。这正如先知纪伯伦说：“你欢笑所升起的井里，往往充满了你的眼泪。悲伤在你心里刻划得愈深，你就能包容更多的快乐，你快乐的时候，好好深察你的内心吧！你就会发现曾经令你悲伤的，也就是曾经令你快乐的因素，其实令你哭泣的，也就是曾经给你快乐的。”只要你用心，你就会在生活中发现和找到快乐。而痛苦往往是不请自来，而快乐和幸福往往需要人们去发现，去寻找。

快乐的人都会说，我们是可以快乐的，只要我们希望自己快乐。那么，我们如何才能找到自己的快乐呢？这其实并不难，只要我们认识到悲伤和快乐是密不可分的，悲伤和欢乐也常常是一起到的。不管我们现在拥有快乐比较多，还是拥有悲伤比较多，我们都要感受到快乐与悲伤往往就是一线之隔而已。

我们生活在这个世界上，都是为了追求自己的幸福和快乐。我们只要过好属于我们的每一天，用心感受生活中的一点一滴，从每一件平常的小事中寻求快乐，我们的生活就一定能更加充实快乐。快乐的过程，往往与我们的心境有关，我们每个人都有自己的情绪波动，但只要遇事学会摆正自己的心态，自己总往乐观的一面去想去做，就会带给我们积极而有成效的结果。

快乐是我们自己心境的选择，当我们勇于选择快乐时，悲伤就会自动地远离我们。但令人困惑的是，很多人都选择了不幸、沮丧和愤怒，他们并没有选择快乐，在他们看来，快乐并不是在我们获得我们需要的东西之后发生的什么事情，而通常是在我们选择快乐之后我们会获得的东西。无惧地面对生命带给我们的考验，接受大自然法则，勇于搜寻和发问，在我们灵魂中保持宁静和信心，这些都是造成快乐的信念之一。

某家有一对双胞胎，外表酷似，禀性却迥然不同。若一个觉得太热，另一个就会觉得太冷。若一个说电视声音太大，另一个则会说根本听不到。一个是绝对极端的乐观主义者，而另一个则是不可救药的悲观主义者。

为了试验双胞胎儿子的反应，他们的父亲在他们过生日的那天，在悲观的独生子的房里堆满了各种新奇的玩具及电子游戏机，而在乐观的独生子的房里则堆满了马粪便。

晚上，他们的父亲走过悲观儿子的房间，发现他正坐一堆玩具中间伤心地哭泣。

“儿子呀，你为什么哭呢？”父亲问道。

“我的朋友们都会妒忌我，而且我还要读那么多的使用说明才能玩，另外，这些玩具总是不停地要换电池，而且最后全都会坏掉的！”

走过乐观儿子的房间，父亲发现他正在马粪堆里快活地手舞足蹈。

“咦，你高兴什么呀？“父亲问道。

这位乐观的小儿子回答说：“我能不高兴吗？附近肯定会有匹小马！”

由此可知，快乐不是来自外界的侵扰，而是自己的一种主观感受，是一种快乐的心理感觉。

著名足球教练米卢说：“态度决定一切。”要活得快乐，就要学会改变态度。我们永远无法改变世界的客观存在，但改变态度的按钮，却时刻掌握在我们自己的手中。如果你痛苦了，悲观了，赶快按一下那个叫态度的按钮吧，就在你松手的瞬间，也许一切都会悄悄改变！

## 什么样的人最快乐

究竟什么样的人才是最快乐的人，是国王？首相？议员？或者是腰缠万贯的大富翁？亦或这些答案都不是。快乐与地位和名气无关，它属于那些为生活辛勤付出的人们。

据说有一次，英国的一家报社曾举办过一次征文活动，它的题目是“什么样的人最快乐？”报社编辑从数万封堆积如山的读者来信中，评选出四个最佳答案：一是作品刚刚落成，吹着口哨欣赏自己作品的艺术家；二是用沙子堆城堡模型的孩子；三是为婴儿洗澡的母亲；四是千辛万苦开完刀后终于挽救了病人生命的外科医生。

第一点的意义就是：我们必须生活在工作中，工作中的人是快乐的人。

我们的人生很大一部分时光都在工作中度过，人生的快乐与安慰，来自于工作的勤奋努力。

在工作中，我们要培养自己的乐观精神，对工作充满信心和热忱。一个全天致力于自己工作的人，他会由衷地体会到工作的快乐，这样，能使工作中的难题在我们面前迎刃而解。其实，我们享受工作乐趣的方法很多。如果不能从工作中体会出一点乐趣来，就枉为自己的工作。古今中外的艺术家、音乐家或各种杰出人物没有一个不以工作为乐趣的。

所以，工作中的我们一定要找到我们所喜欢且擅长的，并为之赋予我们的激情。只有我们这样做了，我们才能在工作中体现出自己的价值。

第二点的意义是，自己要想快乐，必须对未来充满渴望和想像。

在打击和不幸面前，希望使我们的心理承受能力得到增强，使我们能够一往无前地顽强拼搏，才能使我们凡事都往好处想。

每个人都必须面对这样一个奇怪的事实：在我们这个世界上，成功卓越的少，失败平庸的多。成功的人越是活得充实、自在、潇洒，失败平庸的人就越是过得空虚、艰难、猥琐。

第三点的意义就是：要想自己快乐，心中一定要充满无私、不计报酬的爱心。

这让我想起了约翰·洛克菲勒，正逢他事业巅峰、财源滚滚的时候，他的个人世界却崩溃了，标准石油公司也一直灾祸不断——与铁路公司的诉讼、对手的打击等等。遭他无情打击的对手，没有一个不想把他吊在苹果树下。威胁要他性命的信件如雪片般飞入他的办公室。

后来他终于退休了，他开始学习打高尔夫球，从事园艺，与邻居聊天、玩牌，甚至唱歌。他开始想到别人，不再只想着如何赚钱，而开始思考如何用钱去为人类造福。总而言之，洛克菲勒开始把他的亿万财富散播出去……于是，洛克菲勒开心了，他彻底改变了自己，使自己成为毫无忧虑的人。

洛克菲勒还给慈善业带来了一场革命。在他之前，捐赠人往往只是资助自己喜爱的团体，或者馈赠几幢房子，上面刻着他们的名字以显示其品行高尚，而洛克菲勒则致力于建立一个更加科学、更加规范的慈善体系。

洛克菲勒最后留给家族的不仅仅是一个财富上的传承，他对慈善事业的这种全心的倾注，使洛克菲勒的一生创造了许多的奇迹，但真正的也最震撼人心的，当属他“死于53岁”又活到98岁，多活了45年的生命奇迹！捐赠给他带来了快乐，也使慈善事业成为整个洛克非勒家族的传统，并得以继承和延续开来。

第四点的意义：快乐就是要有助人为乐的能力和技能。

拉布吕耶尔曾经说过：最好的满足就是给别人以满足。著名作家狄更斯也说过：世界上能为别人减轻负担的都不是庸庸碌碌之徒。帮助别人可以使我们赢得友谊，可以给我们自己带来快乐，朋友之间更是这样，当然，助人为乐并不是要献出生命，而是一种自然的流露。

当别人处于困境的时候，我们要学会关心和体贴他人，能主动地去帮助别人，以助人为乐，这也是人际交往的一种高尚的行为。人间的生活本来就是酸辣苦咸的，但做人的情操和理念却是我们需要时刻把握的。

总之，助人为乐是社会的一大美德，你在帮助别人的同时，也同时帮助了自己，让自己快乐和充实。甚至一些研究人员认为，养成助人为乐的习惯是预防和治疗忧郁症的良方。这其实是一种双赢，我们又何乐而不为呢。

四述四种人，上帝让快乐格外垂青于他们，这四种人的实质说得明白一点就是奉献导致快乐。

## 付出也是一种快乐

有时生活有付出就有快乐，付出与快乐好像一对孪生姐妹：没有付出，就没有快乐，反言之，要想获得快乐，就必须得去付出。

在美国的街头，有一个叫作兰迪·麦克理的人，那是一个六七十岁的老人，披肩长发灰白零毛，衣服乌一块紫一块，在人行道上向路人乞讨，他面带微笑，他的微笑是真诚和令人愉快的。

一天下午，来了一位小姑娘，大约有六七岁的样子，小姑娘走近他，伸手将一个东西放到兰迪的手心里一刹那，兰迪喜笑颜开。只见他也伸手从口袋中掏出什么放进小姑娘的手心里。小姑娘也快乐地向她的父母跑去。

为什么小姑娘一下子变得那么快乐呢？很简单，其实就是一枚硬币。小姑娘走过来给了兰迪一枚硬币，而他反过来送给小姑娘两枚硬币。兰迪·麦克理只是想教会她："如果你慷慨大方，你所收获的总会比他付出的多。"

这是《读者》曾经发表的一篇文章，这不仅仅只是对小姑娘说，更是对我们世人来说的，意思是，当一个人处于困境时，只要你付出你那一点点力所能及的力量，得到的回报是自己付出过程所得到的乐趣，同时，受帮助的人更感到快乐，这也是对世间爱心的美好回报。

有这样一个故事，我觉得对于理解付出与回报之间的关系很有帮助。故事说有两个准备投胎转世的人被召集到上帝的面前，上帝说："你们当中有一个人要做个只有索取的人，另一个人要做付出的人，你们商量后自己选择吧。"

上帝的话音刚落，第一个人就抢着说："我要做索取的人。"这人想，索取也就是一生什么事也不用做，坐享其成的人生那可真不是一般的幸福。他甚至为自己的抢先一步感到无比幸运。另一个没有其他的选择，于是，他做了那个甘愿付出的人。

多年以后，人们看见了这样的结果。那位选择付出的人成了一个大富翁，他乐善好施，给予他人，成了一位有名的慈善家，备受人们尊重。而另一位则做了乞丐，他一辈子都在不停的索取。原来，上帝是这样满足他们的要求的。

另外一点就是在我们谈到从点滴做起的时候，还要消除心中的顽石，因为心中的顽石阻碍我们去发现、去创造。

从前有一户人家的菜园里摆着一颗大石头，宽度大约有40公分，高度有10公分。到菜园的人，不小心就会踢到那一颗大石头，不是跌倒就是擦伤。

儿子问："爸爸，那颗讨厌的石头，为什么不把它挖走？"

爸爸这么回答："你说那颗石头喔？从你爷爷时代，就一直放到现在了，它的体积那么大，不知道要挖到什么时候，没事无聊挖石头，不如走路小心一点，还可以训练你的反应能力。"

过了几年，这颗大石头留到下一代，当时的儿子娶了媳妇，当了爸爸。

有一天媳妇气愤地说："爸爸，菜园那颗大石头，我越看越不顺眼，改天请人搬走好了。”

爸爸回答说：“算了吧！那颗大石头很重的，可以搬走的话在我小时候就搬走了，哪会让它留到现在啊？”

媳妇心底非常不是滋味，那颗大石头不知道让她跌倒多少次了。

有一天早上，媳妇带着锄头和一桶水，将整桶水倒在大石头的四周。

十几分钟以后，媳妇用锄头把大石头四周的泥土搅松。

媳妇早有心理准备，可能要挖一天吧，谁都没想到几分钟就把石头挖起来，看看大小，这颗石头没有想象的那么大，都是被那个巨大的外表蒙骗了。

由此我们可以想到一个能为别人付出的人，一个勇于担当的人，也会因为自己的高尚行为而感到自豪，它也是一种快乐和幸福，你会因此而不觉得自己的付出是一种压力，你会进步得更快。你会发现这是一种双向的平衡，或者我们得到的比付出的会更多。

并不是每一个人都能认识到付出的精神内涵，人们需要在不断的改变中寻求到一种最佳的理解方式，需要在不断的探寻中理解付出的全部意义。许多人都会抱怨自己的付出与回报不平衡，我想，这可能就是人们把物质的东西看得太重了，而忽略了精神上的得到，甚至有人根本就没想到过这一点，所以他们才抱怨，才不愿意付出。

1858年，瑞典的一个富豪人家生下了一个女儿。然而不久，孩子染患了一种无法解释的瘫痪症，丧失了走路的能力。

一次，女孩和家人一起乘船旅行。船长的太太给孩子讲船长有一只天堂鸟，她被这位太太的描述迷住了，极想亲自看一看这只鸟。

于是保姆把孩子留在甲板上，自己去找船长。孩子耐不住性子等待，她要求船上的服务生立即带她去看天堂鸟。那服务生并不知道她的腿不能走路，而只顾带着她一道去看那只美丽的小鸟。奇迹发生了，孩子因为过度地渴望，竟忘我地拉住服务生的手，慢慢地走了起来。从此，孩子的病便痊愈了。女孩子长大后，又忘我地投入到文学创作中，最后成为第一位荣获诺贝尔文学奖的女性，她就是茜尔玛·拉格萝芙。

付出是可以累积的，付出并不是要你做出多大的牺牲。如果你抱着下坡的想法爬山，便无从爬上山去。如果你的世界沉闷而无望，那是因为你自己沉闷无望。改变你的世界，必先改变你自己的心态。如果你能以付出为乐，那么我们有理由相信，你一定会做得更好！

## 选择快乐

我们快乐与否，与自己的心情有关，心情好的时候，我们自然就会感到快乐，我们的心情是可以选择的，我们何不选择好心情让自己多快乐一点呢。

祸兮福所倚，福兮祸所伏。在挫折、不幸、灾难或厄运降临的时候，我们务必要保持乐观精神，而不能被悲观的心态所俘虏。我们左右不了外部的世界，但是，我们可以把握自己的心态。只有我们把握了自己的心态，才能拥有一个美丽而安宁的精神世界。古希腊哲学家艾皮克蒂塔有句名言：“一个人的快乐与幸福，不是来自于依赖，而是来自对外界运行规律的追求。”

作为一个乐观者，尽量把烦恼和忧愁从自己的心中排除出去，这样就可以做到每一分钟都过得有意义、有价值。

约翰是饭店经理，他遇到任何事总是很乐观。当有人问他近况如何时，他都回答：“我快乐无比。”如果哪位同事心情不好，他就会告诉对方怎么去看事物好的一面。他说：“每天早上，我一觉醒来就对自己说，你今天有两种选择，你可以选择心情愉快，也可以选择心情不好，我选择心情愉快。每次有坏事情发生，我可以选择成为一个受害者，也可以选择从中学些东西，我选择后者。人生就是选择，你要学会选择如何去面对各种处境。归根结底，即自己选择如何面对人生。”

有一天，他被三个持枪的歹徒拦住了。歹徒朝他开了枪。幸运的是发现较早，约翰被送进了急诊室。经过18个小时的抢救和几个星期的精心治疗，约翰出院了，只是仍有小部分弹片留在他体内。

六个月后，他的一位朋友见到了他。朋友问他近况如何，他说：“我快乐无比。想不想看看我的伤疤?”朋友看了伤疤，然后问当时他想了些什么。约翰答道：“当我躺在地上时，我对自己说有两个选择：一是死，一是活。我选择了活。医护人员都很好，他们告诉我，我会好的。但在他们把我推进急诊室后，我从他们的眼神中读到了‘他是个死人’。我知道我需要采取一些行动。”

“你采取了什么行动?”朋友问。

约翰说：“有个护士大声问我对什么东西过敏。我马上答‘有的’。这时，所有的医生、护士都停下来等我说下去。我深深吸了一口气，然后大声吼道：‘子弹!’在一片人笑声中，我又说道：‘请把我当活人来医，而不是死人。’”

约翰就这样活下来了。

乐观的人常常自我感觉良好，对失败有点可贵的“马大哈”精神。你对事情的态度，可以决定你是否快乐。抛弃悲观消极的情绪，选择积极乐观的心态，才能做快乐的主人。

一个人要过得快乐，最主要的是有一种快乐的心境。一个人有了这种美好的心境，成功就不会得意忘形，失败也不会痛苦失态。如果我们用这种平和的心境来对待生活，那么我们做每一件事，都会形成一种自觉、一种快乐，就不会觉得那么累了。

在生活中，我们会感受到刺激和反应，有的人认为昂贵的居室、颇高的收入等是刺激快乐的反应，美好的爱情也是刺激快乐的反应。其实不然，快乐是一种选择。这种选择便是一种刺激“因为我快乐，所以在任何事情上都会有成功之处；因为我快乐，就能很好地爱护拥护周围的一切；因为我快乐，就会拥有并感受着自然的温暖；因为我快乐，就会……”

快乐是对我们生活中每天做的事情的有意义的选择，因为某些我们不知道的原因，许多人选择了痛苦、沮丧、灰心做伴。快乐不是因为我们得到了什么才会出现，而是我们选择了快乐，才会得到想要的东西。

亲爱的朋友，为自己制定一个享受快乐的法则吧！珍惜每一天的阳光，每一个好日子，欢乐女神将会对你宠爱有佳，经常光顾你的心灵小屋，敞开你的心扉迎接快乐吧，你的将来会更加绚丽多彩。

学着做个快乐的人，可以从以下几个方面着手：

1. 别盯住事情消极面。

别总是对自己说：“我真倒霉，总被人家曲解、欺负。”把注意力盯在与别人友好和善上，把愉快、向上的事串联起来，由一件想到另一件，你就可以逐步排遣自怨自艾或怨天尤人的情绪。

2. 不要制造人际隔阂。

别人在背后说自己的坏话，或者轻视、怠慢自己，想想不是滋味，故以眼还眼，以牙还牙，结果你又多了一个人际屏障，多了一个生活的死对头，那当然也使你整日诚惶诚恐，不知他在背后又要搞什么。

3. 学会躲避挫折。

遇到情绪扭不过来的时候，不妨暂时回避一下，转换转换情绪。只要一曲音乐，便会将你带到梦想的世界。如果你能跟随欢乐的歌曲哼起来，手脚拍打起来，无疑，你的心灵会与音乐融化在纯净之中。

4. 切勿过于挑剔。

大凡乐观的人往往是“憨厚”的人，而愁容满面的人，总是那些不够宽容的人。他们看不惯社会上的一切，希望人世间的一切都符合自己的理想模式，这才感到顺心。生活的乐趣需要自己去体验，懂得享受生活乐趣的人才是真正会生活的人。如富商所言，我们并不需要什么事情，只是需要做事过程所得到的兴趣，过程才是最重要的，因为乐趣就在这个过程之中。

## 最有效的快乐花絮

当我们不快乐的时候，可以尝试一下下面的快乐花絮，会使我们迅速快乐起来，它们具有立竿见影的效果，是治疗我们烦恼的良药。

1.凡事多往好处想,常回忆一些令我们愉快的事物。

2.对自己的工作和生活作妥当的安排,使自己有余地去实现。

3.可以培养一些新的高尚的兴趣,让自己得到快乐,以使自己的生活得到缓解。

4.学会自己一时的灵感,即潜意识，并尝试实践一下。

5.常常制造生活中一些有兴趣的小插曲,以保持生活的新鲜感。

6.当自己不愉快的时候,找个适当的方式发泄或缓解一下，或者适度地去茶馆或舞厅放松。

7.可以暂时忘掉自己的工作,随心所欲地放松。

8.收集一些趣闻和笑话,并和别人分享一下。

9.给自己安排郊游,在旅行中会遇到一些令自己新鲜的事物。

10.偶尔全家出去餐馆大吃一顿。

11.看一些幽默的喜剧,让自己得到快乐。

12.学会制造一下浪漫,买礼物送给自己或家人,给家人一个惊喜。

13.郁闷的时候,和自己的亲朋相聚一下。

14.给自己来一个大特赦,想做什么就做什么。

15.保持一个健康的体魄，身体是革命的本钱，它是快乐的前提和根本。

16.保证自己充分休息，别透支你的体力。累则心烦，烦则生气。保证以后还会有好的精力。

17.经常活动运动一下，会使你得到调节，从而心情愉快。

18.真正地去关怀你的亲人，朋友，工作和四周细微的事物。对周围的人怀有爱心，并使他们快乐，从而自己也会感到快乐。

19.常常微笑，对别人友好，你将得到相同的回报。

20.学会遗忘令你不快乐的事，不去想令你不开心的人。

21.知足常乐,对生活抱以感激,珍惜现在的拥有,乐观地面对一切。学会享受人生，别把时间浪费在不必要的忧虑上。

22.致力于自己的工作,并从中找出快乐所在。

23.常去做一些能够容易到达的理想,并去做到。

24.我们可以经常尝试新的生活方式。体验其中的快乐。

25.每天抽出一点时间，给自己一个独立的空间，并使心灵宁静。

上面是一些有助于自身快乐的小花絮,有如治疗抑郁的小偏方,如果你照着做了,肯定你会瞬时得到快乐。不信那就试试吧。

## 快乐的获得与付出

荀子在《劝学篇》里说：“蟹八跪而二螯，非蛇嬗之穴无可寄托者，用心躁也”。这说明了全力以赴是一种成功的品质，做事三心二意，前怕狼，后怕虎，患得患失，焉有不失败的？

当人竭尽全力去付出的时候，才有可能获得期望值内的收获。俗话说：“一分耕耘，一分收获。”不去耕耘，怎有收获呢？天上是不会掉馅饼下来的。既然要付出，就彻底一点，免得获得的不够时平添抱怨。生活中埋怨付出太多，获得太少的人太多太多。试问自己：付出的时候，是一颗真心吗？有所保留了吗？

有一位成就斐然的年轻人，他是一家大酒店的老板。一开始我丝毫没有看出他有什么特殊才能，直到他讲述了自己被提拔的传奇经历之后我才明白了事情的原委。

“几年前，我还是一家路边简陋旅店的临时员工，根本就没有什么发展的前途可言。”他回忆道：“一个寒冷的冬天，已经很晚了，我正准备关门。进来一对上了年纪的夫妇。他们正为找不到住处发愁。不巧的是，我们店里也客满了。看到他们又困又乏的样子，我很不忍心将他们拒之门外。而且，老板说了，不能拒绝客人的要求。于是我将自己的铺位让给他们，自己在大厅睡地铺。第二天一早，他们坚持按价支付给我个人房费，我拒绝了。本来也就没有什么嘛！”

“那对夫妇临走对我说：‘你有足够的能力当一家大酒店的老板。’”年轻人脸上露出憨厚的笑容。

“开始我觉得这不过是一句客气话，然而没想到一年后，我收到了一封纽约来信，正是出自那对夫妇之手，还有一张前往纽约的机票。他们在信中告诉我，他们专门为我建了一座大酒店，邀请我去经营管理。

年轻人为了把工作做好，执行了老板不能拒绝客人要求的工作指示，没有借口说旅店里客满了，甚至没有计较一夜的房费，而正是这一举手之劳，他获得了一个梦寐以求的机会。

付出多少，得到多少，这是一个基本的社会规律。也许你的投入无法立刻得到回报，不要气馁，一如既往地付出，回报可能会在不经意间，以出人意料的方式出现。除了老板以外，回报也可能来自他人，以一种间接的方式来实现。

我们设想一下，如果这个年轻人当时没有执行老板的指示，借口说客满了，把那对夫妻打发走，结果会怎么样呢？也许他直到现在还在那个简陋的旅店里打杂。每个人都会有很多的机遇，往往一个借口就让你错失了也许对你一生来说最重要的机会，而你还浑然不觉。

获得多的人与获得少的人的区别在于，前者毫无保留又不想回报，后者付出的时候总在不断地盘算着如何获得付出之后的回报是多少，而命运就是这样的奇妙，越是不计较回报的人获得的回报越多，斤斤计较的反而一无所获。

要想取得成功，必须付出更多，才能获得更多。

在我们的生活中，其实，就人的心理而言，大凡付出了，就一定期望有所回报，而且付出的越多，回报的期望值也就越高。当然，这种付出和回报可以是物质上的，也可以是精神上的。如果付出了而没有得到回报的话，人的心理是会失衡的。至于那些曾经付出了而没有得到回报却又能一切如常的人，如果不是自欺欺人的话，就一定是心理素质比较高的人了。

对待工作的时候，也许你会觉得自己已经在工作中投入了很多，却没有马上得到回报，而心有不甘。你会想既然不能升职，还不如忙里偷闲，反正也不会被开除、扣工资。这样一来，以后你就可能会拖延怠工，以免提前完成工作，再揽上其他的事务。久而久之，你的进取心将被磨灭。另外，如果你计较自己的付出没有在短期内得到回报，继而会产生抵触情绪，还会影响你在公司里的人际交往。

刚开始工作的时候，你从事的只能是很琐碎的工作。你只有全力以赴的付出，才有可能得到提拔和重用。

独自创业的人更是如此，不要指望付出一点点就能够达到你的期望值，人的期望总比现实要高。甚至在创业之前的很长一段时间里都应该开始为此准备和付出，只多不少，做好一切心理准备。对于结果可以希望，可以企盼就是不能奢望。因为命运本身也是一个精打细算的商人，它给予的是每个人自己应得的那份，不会太多也不会太少。

这个世界上没有绝对的公平，但却有相对的合理，不管怎样去算计，付出与回报的比例大多都是一比一。所以，再精于算计的人在付出的时候千万别多想，算计来算计去小心算计的是自己。倘若能给别人的付出以回报的话，最好就给予别人回报；如果不能给予回报，最好就不要接受别人的付出。

在人际关系中生存，就必须要有付出。而赢得人心的关键，就在于一颗博爱之心。有句俗话说：人人为我，我为人人。说的就是相互付出，相互帮助，共同走向人生的成功的道理。

总之，就常人的心态而言，如果在付出的时候能少一点回报的期望，多一点“助人为乐”的精神；在得到回报的时候少一点对等的要求，多一点满足的情感。那么，我们就一定会活得更加开心快乐！

没有工作的人是空虚的，即使他们有活下去的财富；失业的人必然是不安的，因为他不但面临三餐不继的不安，同时由于脱离社会主流，造成了一种莫名的恐慌。有工作而不肯敬业的人，则会觉得生活毫无意义，精神萎靡。

生活中有许多人悲叹生命的有限和生活的艰辛，只有少数人能在有限的生命中活出自己的快乐。既然如此，我们为什么不放纵一下自己，去做一些自己喜欢的、平时想做却没有做的事情，为自己的快乐而活呢？

快乐是一种情绪。懂得了控制情绪的方法，你就已经站在了快乐的一方：看到鲜花时，你就会咧嘴微笑；看到流水，就会心旷神怡；看到青草，就会感到自己回归了大自然。人生在世，要为快乐而活，就要有多姿多彩的生活。

快乐是一种思想。不论贫穷与富有，只要思想快乐，你就是一个快乐的人。只要有快乐的心，就有快乐的容貌。生活是一种享受，快乐是生活的主题，生活是追求幸福的过程，快乐是幸福的内涵。生活中，每个人都应该为自己“找些快乐”。有这样一个故事：

一位富商花费巨资收藏了许多珍贵的古董、字画以及各种珍珠、翡翠等，为防失窃，他安装了严密的保安系统，平日里很少进去欣赏，只当成个人财富的一部分用来炫耀。

有一天，富商忽然心血来潮，决定请大厦清洁工进去开开眼界。

清洁工进去后，并未流露出艳羡之色，只是慢慢地逐一浏览，细细地欣赏。待步出厚厚的铁门时，富商忍不住地炫耀说："怎么样？看了这么多的好东西，不枉此生了吧？"

那个清洁工说："是啊，我现在感觉与你一样富有，而且比你更快乐。"

"怎么可能？"富商摇着头说道。

那个清洁工笑着答道："你所有的宝贝我都看过了，不就是与你一样富有了吗？而且我又不必为那些东西担心这担心那的，岂不比你更快乐？"

快乐不在于拥有多少，而在于感觉如何。只要用心去感受，生命中快乐无处不在。生活的乐趣是对生命的热情，丧失这种热情，即使能像故事中的富商一样拥有很多的财富，也不一定能享受到生命的乐趣。

为自己的快乐而活，要敢于接受挑战和考验，在困难中，依然精神抖擞，向着目标前进。在苦难中，不忘仰望苍穹，轻轻哼唱，感激阳光雨水，赞美它的神奇与无私。快乐和痛苦是一体两面，经受不住痛苦的考验，也就难以体会真正的快乐。

为自己的快乐而活，但不可自私。快乐是无私的，为别人带来一份快乐的同时，自己也能得到同样的快乐，而带给别人烦恼的同时，自己也会得到一样的烦恼。

为自己的快乐而活，应顺其自然，不能乐昏了头，快乐就像春风，可以让人感到舒适，过了头则会乐极生悲，拂面的微风就会变成极具破坏力的狂风。

为自己的快乐而活，是一种洒脱，是一种境界，是最为成功的人生。因为西点人知道，敬业使一个人工作愉快，有活力。它使人乐于工作，尽心把工作做好，从而获得成功和喜悦。而在乏味的被动情况下，你不可能提高工作质量，也不可能在工作上发挥创意。敬业的人有一种认真的工作态度和坚持的工作作风。古人坚持“一日不做，一日不食”，勤勤恳恳地把工作做好，把它当作与生命意义密切相关的问题来看待。正因如此，敬业的人，一生都绽放着活力和光彩。

热爱工作的人，工作不仅仅是满足他们生存的需要，而且也是生活的第一需要。工作使人振作、充实、有活力、有朝气，他们常常忘记辛苦，忘记得失，全神贯注地工作，一心一意把工作做好。套用《中庸》的一句话说：“至诚则灵。”事业到达一个超然的境界，使人感受到一种精神的享受，感受到一种情操的升华和人格的锤炼。他们从来不是表里不一、言而无信之人，也不是整天陷于尔虞我诈的复杂关系之人，不会在上下级之间、同事之间玩弄各种权术和阴谋，他们只会勤勤恳恳做人、踏踏实实工作。所以，他们得到的任何财富、名誉和地位都是自然而然、心安理得的，他们的内心不但快乐，而且安宁。

你有没有过这样的体验：当你回家自己摆弄电脑、修补渔具、养花种菜时，你虽然也进行着劳动，但你从没有想过报酬的问题，因为你陶醉于其中，劳动成果就是自己的报酬，你是在为你自己工作，为实现你自己的目的而劳动。当人们只为了真正认可的目的而自觉工作的时候，物质报酬只是附带的，他们收获更多的则是自我价值实现的感受，是充实而安宁的生活。

罗素说："我可以独自坐在森林中间的茅舍里，在我自己的和平安宁中，富有主见地和完整地廓清我内在的目的。"你能做到吗?如果你做到了，那么充实而安宁的生活就唾手可得了。

人生除了工作和奋斗以外，还有一种非常重要的状态，那就是爱好。爱好填充了我们工作以外的人生，给了我们人生的快乐时光。

如果一个人只知道工作而不懂得如何休闲，那他算不上一个成功的人，充其量只能说是一个工作狂；真正的成功人士，除了奋斗拼搏以外，都有自己的爱好，它可以是一种音乐，可以是一种绘画，可以是一种运动，可以是一种山水，甚至可以是一种大众的消遣方式。

无论你的人生处于哪种状态，是春风得意，还是黯然失意，都记得你还有一个爱好，生命因它而美好，不是吗?

著名诗人陶渊明是热爱山水田园风光的，这种强烈的爱好使他的辞官归隐显得那么合情合理。或许很多人难以理解，好好的仕途不走，为什么要归隐呢?我想强调的是，陶渊明选择的不仅仅是田园风光，不仅仅是人生爱好，更重要的是他选择的是人生的一种快乐。短短数载而已，为什么不选择快乐的生活方式呢?

鲁迅先生平生最喜欢的事莫过于收藏书籍。这些书籍不但满足了他阅读的需求，同时也给了他人生的快乐。综观《鲁迅日记》24年的书账，详细记载了他平生购置并保藏的9600多册书籍和6900多张古文物拓片，共16500件图书。

据说鲁迅总是利用各种机会，想方设法搜寻和购置大量图书。鲁迅对于书如同沙漠行者对绿洲的渴望。有一次，鲁迅的母亲劝鲁迅买几亩水稻田，可以供自家吃白米饭，省得每月向粮店买大米吃。鲁迅听了笑笑说："田地没有用，我不要！"然后又大声说："有钱还是多买点书好！"鲁迅的日本好友增田涉回忆他的爱书之好时，说："如果鲁迅共收入一万个银圆，然而光买书的费用他就可以花去将近百分之二十。但是这百分之二十给他带来的快乐远远超过了那百分之八十的费用吧。"1920年以后，鲁迅先生的经济收入有所下降，这段日子是鲁迅生活苦闷、思想彷徨、健康状况最不好的苦闷阶段。然而，就是这时候，书籍成了他的救命草，也成了他的开心果。他大量买书，大量阅读，在这样的思想熏陶下，他的精神才得以慰藉，他才得以开心一笑。

图书是鲁迅最珍惜的精神财富和物质财富。而收藏书籍则给了鲁迅先生人生的快乐，即便是面对悲惨的中国现状，他也能够通过书籍来抚平苦痛。葡萄牙有一位名人如此评价个人爱好：爱好即获得知识的第一步。鲁迅先生的不朽著作，如《中国小说史略》、《汉文学史纲要》参考了数量惊人的古籍文献，大半出于他精心搜集的藏书。他还利用藏书和借书编辑了《古小说钩沉》、《唐宋传奇集》、《小说旧闻钞》等；他为了翻译一些外国文学作品，预先购置了大量参考书籍，甚至委托朋友们从欧洲和日本购买外文原版。

我们虽然不是名人，但是我们同样需要爱好。和鲁迅先生一样，爱好不但可以陶冶我们的情操，还可以增长我们的知识。健康的爱好就会使人精神有所寄托，生活更加充实，身心更加健康快乐。爱好的本身，就是让自己和别人快乐，拥有相同爱好的人或许可以走得更近。所以无论工作多么忙，都不能抛弃自己的爱好。同时，爱好也是你人生的一个特色，当然不能因为你敬仰的人爱好什么，你就选择什么。爱好是出自内心的，是可以唤起你对生命的热爱和激情的。

## 快乐的十大智慧

快乐是一个简单而又高深的话题，有的人只看到了表面上的嘻嘻哈哈，却没有看到或意识到快乐的真谛，其实，快乐既普通又神秘，只有智者才能彻底地享受到它。

每个人都希望自己活得快乐一点，但这又是非常难以做到的，如果你想做到的话，就去尝试下面快乐的智慧吧。

快乐的第一个智慧——分享

我们是一种高等群居动物，就自然离不开同别人打交道，现在的人们没有一个人会孤立的存在，学会和各种各样的人的亲密关系，可以带给我们很多智慧。比如，亲人之间的亲密关系会使我们感到快乐；朋友之间浓浓友情会使我们感到快乐；和同事们在一起为了同一个发展目标而感到同样的快乐。

分享问题，分享成果，分享快乐，则使我们变得快乐。

快乐的第二个智慧——信心

通常来说，自信的人有一种对事物的胸有成竹的把握感，有一种志在必得的满足感，信心让我们直达真理的方向，而无暇顾及其他的消极因素，恐惧和焦虑都不会沾边。

快乐的第三个智慧——态度

态度具有很大的力量。快乐是我们的一种心态选择，我们可以在任一时间、任一地点和任一状况作出快乐的选择，就好像任何事物都可以以一种积极的心态去对待。所以，如果知道了这一点，我们就应该从任一件事物身上寻找到快乐。当我们做事遇到阻力时，我们应积极地找到它的一些积极因素，并想出能解决阻力的方法。以后，我们的心定会充满感激，我们也将以快乐充满自己的思想，因此，我们就可以控制自己的快乐。

快乐的第四个智慧——现在

过去的生活对于我们来说，已是昨日黄花，过得是好是坏已不重要，重要的是要抓住属于我们的今天，过去是失落不悲伤，过去是辉煌也不沾沾自喜。对于我们最有意义的时光是现在，我们只要在现在活得快乐就可以了，快乐不是必须要花几年，几月，几天得来的，它是今天的日子里可以找到的，所以，我们想要一个获得一个完美人生，那就只要好好地珍惜现在，快乐地过好每一个“现在”就可以了。现在可以让我们忘记过去的一切恩恩怨怨，让我们全副精力快乐地拥抱未来。

对于我们来说，每天都是新的开始，新的生活。

从前有个富翁，他对自己窖藏的葡萄酒非常自豪。窖里保留着一坛只有他知道的，某种场合才能喝的陈酒。

州府的总督登门拜访。富翁提醒自己：“这坛酒不能仅仅为一个总督启封。”

区主教来看他，他自忖道：“不，不能开启那坛酒。他不懂这种酒的价值，酒香也飘不进他的鼻孔。”

王子来访，和他同进晚餐，但他想：“区区一个王子喝这种酒过分奢侈了。”

甚至他他亲侄子结婚那天，他还对自己说：“不行，接待这种客人，不能抬出这坛酒。”

许多年后，富翁死了，像每粒像树的果实一样被埋进了地里.

下葬那一天，陈酒坛和其他酒坛一起被搬进了出来，左邻右舍的农民把酒统统喝光了.谁也不知道这坛陈年老酒的久远历史。

所以，我们要重视今天，只有今天才是我们真正拥有的时光。

快乐的第五个智慧——运动

运动可以使大脑得到休息，让我们缓解压力，并能释放出一种使我们快乐的化学物质“内啡呔”。小孩也是这样，他们有句名言：不玩耍，聪明的孩子也变傻。

所以，我们要在吃饭、工作的间隙，最好能运动一下，可以让我们保持持久的精力。让我们的大脑分泌多一些的“内啡呔”。

快乐的第六个智慧——目标

有目标的人就是有了希望的人，为了自己的希望会把自己的注意力全部集中到自已要做的目标上，在追求中充满喜悦，目标让我们在早晨有了早起的动力，目标让我们的生活充实而有意义起来。

快乐的第七个智慧——幽默

幽默就像润滑剂，可以缓解我们的紧张，舒解我们的各种压力，给我们创造快乐的感觉。俗话说：一笑抿千愁。幽默也是这样，幽默可以使所有的不快化作一阵风飘然而去，在幽默的趣味中，能让我们找到好的处理问题的方法，然后解决它。

快乐的第八个智慧——宽容

如果我们对别人宽容一些，我们就会从别人的角度考虑问题，能够理解别人，理解别人的缺陷。我们就不会有不满和恨意，就能做到大风大浪也平衡的心理，宽恕自己，宽恕别人，我们心里就会开朗快乐得多。

快乐的第九个智慧——付出

与生俱来的万贯家财，并不能让你得到快乐，要学会帮助他人，给他人以方便，我们就会从给予中得到快乐，所以，通常我们要找机会帮助别人，为别人付出，让别人把问题解决，我们也感到快乐。

快乐的第十个智慧——知足

快乐与否与财富无关，我们在生活中要懂得知足，不要成为生活的奴隶，不为财富所累，财富只是我们的身外之物，这样，我们就能活得快乐一些。

## 让快乐成为一种习惯

英国著名诗人罗伯特·路易斯·史蒂文森说："快乐的习惯使一个人不受——至少在很大程度上不受外在条件的支配。"如果你想每天得到快乐,就不能责怪你的太太治家无方,也不能拿她和你母亲作不利的比较。相反,你要经常赞美她把家治理得井井有条,而且要公开表示你很幸运,娶了一个既有内在美又有外在美的女人,甚至当她把牛排煎得像羊皮、面包烤得像黑炭时,也不要抱怨,只说这些东西做得没有她平常的那么完美就行了,她就会在厨房里拼命努力,以便达到你所期望的程度。当然,不要突然开始这么做——否则她会怀疑的。你可以从今天晚上或明天晚上开始,买一束花或一盒巧克力,多说些贴心关切的话,多对她温柔地微笑……如果每对夫妻都能这么做的话,世间还会有这么多的离婚悲剧发生吗?

心理学家加贝尔博士说："快乐纯粹是内在的，它不是由于客体，而是由于观念、思想和态度而产生的。不论环境如何，个人的活动能够发展和指导这些观念、思想和态度。"对于这个世界，没有人会感到百分之百的满意，也不会百分之百地感到快乐，英国作家萧伯纳说过："如果我们觉得不幸，可能会永远不幸。"特别是外部环境，每个人都有无限的物欲。如果我们学会感恩，对生活中的一切怀有感恩的态度，我们就要凭借脑袋和利用意志尽可能地去想和做一些快乐的事情，对于生活中令人不痛快的琐碎小事和不和谐的气氛就像蛛丝一样轻轻抹掉，从而使我们迅速地快乐起来。

对于生活中的一些小事，动辄就苦闷烦恼，主要与一个人性格有关，是养成了忧愁的习惯所致，这种习惯性的烦恼大多是我们太敏感所致，会认为它有损于我们的自尊心。

治疗这种苦闷病最好的药方就是使用造成不快乐的武器——自尊心。在更多时候，我们应当正视自己的自尊心，即使是别人轻视我们，我们也不要太过在意。因为，林子大了，什么鸟儿都有，对于自己的重视莫过于自己，我们为什么还要在意别人那一点点评价？只要我们的心在，最后胜利的还不一定是谁呢。所以，这时我们仍要快乐起来，这是一种大度的快乐，是一种大智若愚的磨砺，以后要不断地积聚力量，并在潜移默化中击败对方，这才是我们的追求。平时我们要养成快乐的习惯，让自己变成一个快乐的主人，而不是一个奴隶。

哪怕以后我们处在悲惨或极其不顺利的境地时，我们也要尽量保持乐观情绪，纵然不能做到完全的快乐，也不要在不幸的生活伤口上撒一把盐。三十年河东，三十年河西，一切都会过去，生活总会对我们有所回报。千万不要让消极情绪打败了自己，或是永不翻身，甚至是郁郁而终，生活给予我们的教训实在是太多了，我们为什么还要再经历一遍别人做过的傻事呢？否则，我们岂不是更傻吗？

詹姆斯说：“我们所谓的灾难很大程度上归结于人们对现象采取的态度，受害者的内在态度只要从恐惧转为奋斗，坏事就往往会变成令人鼓舞的好事。在我们期望避免灾难而未成功时，我们就会对灾难产生恐惧。如果我们面对灾难，乐观地忍受它，它的毒刺也往往会脱落，变成一株美丽的花。”

我们是有着人生理想的高级动物，不仅仅是为了自己的一日三餐而活，我们甚至是为了更远大的目标而战，奔向目标的你何必在意人生路上的凄风苦雨，心中装着我们的目标就足够了，人生哪有什么平坦的大道呀？何必再给自己背上心理的包袱呢？

# 第二章
# 选择是一种智慧

很多时候，一个人的苦乐成败，不在于外物的左右，而在于自己的心态和看待世界的角度，如果你用悲伤的眼光看待生活，那么你的生活就会暗无天日；如果你用乐观的眼光看待世界，那么你就会发现，生活到处隐藏着成功的玄机。

## 为什么而活着

人来到这个世界上是不可选择的，就是这个世界的不速之客。我们不能选择什么时候出生，不能选择在什么地方出生，更不能选择出生在什么样的家庭。我们那时候没有一点话语权，所以在我们刚刚来到这个世界时，用最大的哭声去控诉自己遭受的不公平。

然而，更让人伤心的是，我们的人生都面对一个同样的终点死亡。虽然死亡是个有点忌讳讨论的话题。但是在自己明白了所有人总有一天要死去的时候，生命还是带有了不可抹掉的悲剧色彩。当一个人死去，亲友们的哭声表达着对他离去的悲伤。

就这样，我们在自己的哭声中来到这个世界，在亲友的哭声中离开这个世界。没有人能改变这个自然规律，对于每个人来说这都很公平。当我们身体健康、事业顺利、家庭幸福的时候，我们不会去担心自己的人生。可是生活不易，每个人都在自己生活的战场上战斗中。

在烈日骄阳之下，一个衣衫破烂的人赤脚行走在被炙烤得发烫的街道上。他歪歪倒倒地前行走着，看起来十分虚弱，好像生命正被一点点抽离他的身体，最后无力支撑，倒在街边。他大口喘着气，汗珠无力地淌着。这时，一声清脆的铜钱金属撞击地面的声音，一枚刺眼的铜钱掉落在他的面前。

很明显别人把他当成了乞丐。他捡起铜钱追向那个丢钱给他的人，生气地对他说："先生，我不是乞丐。"好心的路人被这意外发生的情况吓了一跳，他接过流浪汉塞回来的铜钱，诧异地离开了。

虚弱的流浪汉依旧坐在地上，等待着生命的结束，他不接受任何人施舍的物品，最后他的生命消逝了。

在生命的历程中，我们一直在追问一个问题：我们为什么而活着，从来没有一个让人信服的答案，但是我们不能为了活着而活着。

有一只高傲的乌鸦非常瞧不起自己的同伴。它到处寻找孔雀的羽毛，一根一根地藏起来。等搜集得差不多了，它就把这些孔雀的羽毛插在自己乌黑的身上，直至将自己打扮得五彩缤纷，看起来真有点像孔雀为止。然后，它离开乌鸦的队伍，混到孔雀群中。但当孔雀们看到这位新同伴时，立即注意到这位来客穿着它们的衣服，忸忸怩怩、装腔作势，大伙都气愤极了。它们扯去乌鸦所有的假羽毛，拼命地啄它、扯它，把它弄得头破血流，痛得昏死在地。乌鸦苏醒后，不知该怎么办才好。它再也不好意思回到乌鸦同伴中去。想当初，自己插着孔雀羽毛，神气活现的时候，是怎么也看不起自己的同伴啊!最后，它终于决定还是老老实实地回到同伴们那儿去。有一只乌鸦问它："请告诉我，你瞧不起自己的同伴，拼命想抬高自己，你可知道害羞?要是你老老实实地穿着这件天赐的黑衣服，如今也不至于受这么大的痛苦和侮辱了。当人家扒下你那伪装的外衣时，你不觉得难为情吗?"说完，谁也不理睬它，大伙一起高高飞走了。地面上，那只梦想当孔雀的乌鸦被孤零零地留下了。

莎士比亚说："轻浮的虚荣是一个十足的饕餮者，它在吞噬一切之后，结果必然牺牲在自己的贪欲之下。"

虚荣是一种无聊的、骗人的东西，我们要时时提醒自己远离虚荣，以免被它撞得头破血流。虚荣是虚妄的荣耀，是掩耳盗铃的现代解释，是无知无能的你最想依赖而实际上最依靠不住的心灵稻草。稻草人是用来吓唬乌鸦及其他动物的，而你是人，还有点智商，你想用稻草人来保护自己，真是愚蠢至极。

虚荣心是一种为了满足自己荣誉、社会地位的欲望。虚荣心强的人往往不惜玩弄欺骗、诡诈的手段来炫耀、显示自己，借此博取他人的称赞和羡慕，最大限度地满足自己的虚荣心。但是由于这种人自身素质低、修养差，经常是真善美与假恶丑不分，往往把肉麻当有趣，将粗俗当高雅，打扮不合时宜，矫揉造作，不伦不类，使人感到很不舒服，甚至产生恶心之感。

故事中的乌鸦，就是因为贪图虚荣，盲目追求标新立异的效果，结果弄巧成拙，留下了笑柄。华丽的外表无法掩饰空虚的心灵。很难想像一个爱慕虚荣的人能有多大的成就，因为他们总是把一些浮在表面上的东西作为提高自己地位的条件，而不是扎实地生活和工作。由于虚荣心具有许多负面的东西，是一种扭曲的人格，它多半会遭到他人的反感和敌意，甚至攻击，因此要尽量克服它。

要克服虚荣心，关键要树立正确的荣辱观，即对荣誉、地位、得失、面子要持有一种正确的认识和态度。不可过分追求荣华富贵、安逸享受，否则就真的陷入了爱慕虚荣的怪圈。虚荣心会将你带入无知的深渊。你如果只是追求名誉、地位，看重他人对你的看法，那你就会在无意中将真实和真理拒之于千里之外。追求虚荣是与追求真理相悖的一种肤浅意识。

安贝卡曾说过：即使你穷得只剩一件衣服，也要将它洗得干干净净，让自己穿起来有一种尊严。生命虽然很脆弱，但是一旦点燃了生命的意义之火，却可以变得异常坚强。

在美国一家医院的一间病房里，传来许多人的哭泣声。躺在病床上的是年仅13岁的小诗人斯特帕尼克，他的生命是如此脆弱，可就在这脆弱的生命中，他珍惜着自己的每一分每一秒，把自己感受到的美好通过他的诗传达给全世界，让人们分享他的快乐。他在死前也不忘说："我要把心灵的歌声唱给全世界。"在脆弱中我看到的却是坚强。

佛说生命的意义不在于长度，而在于能付出多少。在有限的生命能享受人生，比别人和自己带来快乐的生命才是有精彩的。我没有能力帮你回答我们是为什么而活着，但是活着就有意义，这是需要终其一生去追寻的答案。

## 敬畏生命

人要主宰自己，做自己的主人。沮丧的面容、苦闷的表情、恐惧的思想和焦虑的态度是你缺乏自制力的表现，是你软弱的表现，是你不能控制环境的表现。它们是你的敌人，要把它们抛到九霄云外。

有一个阿拉伯的富翁，在一次大生意中亏光了所有的钱，并且欠下了债，他卖掉房子、汽车，还清了债务。此刻，他孤独一人，无儿无女，穷困潦倒，唯有一只心爱的猎狗和一本书与他相依为命，相依相随。在一个大雪纷飞的夜晚，他来到一座荒僻的村庄，找到一个避风的茅棚。他看到里面有一盏油灯，于是用身上仅存的一根火柴点燃了油灯，拿出书来准备读书。但是一阵风忽然把灯吹灭了，四周立刻漆黑一片。这位孤独的老人陷入了黑暗之中，对人生感到深彻的绝望，他甚至想到了结束自己的生命。但是，立在身边的猎狗给了他一丝慰藉，他无奈地叹了一口气沉沉睡去。

第二天醒来，他忽然发现心爱的猎狗也被人杀死在门外。抚摸着这只相依为命的猎狗，他突然决定要结束自己的生命，世间再没有什么值得留恋的了。于是，他最后扫视了一眼周围的一切。这时，他不由发现整个村庄都沉寂在一片可怕的寂静之中。他不由急步向前，啊，太可怕了，尸体，到处是尸体，一片狼藉。显然，这个村庄昨夜遭到了匪徒的洗劫，连一个活口也没留下来。看到这可怕的场面，老人不由心念急转，啊!我是这里唯一幸存的人，我一定要坚强地活下去。此时，一轮红日冉冉升起，照得四周一片光亮，老人欣慰地想，我是这个村庄唯一的幸存者，我没有理由不珍惜自己。虽然我失去了心爱的猎狗，但是，我得到了生命，这才是人生最宝贵的。老人怀着坚定的信念，迎着灿烂的太阳又出发了。

人生总有得意和失意的时候，一时的得意并不代表永久的得意；然而，在一时失意的情况下，如果你不能把心态调整过来，就很难再有得意之时。

故事中的老人，在失意甚至绝望的状态下，重新寻回了希望，赶走了悲伤。这不能不说是他人生中的又一大转折。

联想到我们日常的生活和学习，如果遇到失意或悲伤的事情时，我们一样要学会调整自己的心态。如果你的演讲、你的考试和你的愿望没有获得成功；如果你曾经尴尬；如果你曾经失足；如果你被训斥和谩骂，请不要耿耿于怀。对这些事念念不忘，不但于事无补，还会占据你的快乐时光。抛弃它吧!走出阴影，沐浴在明媚的阳光中，把它们彻底赶出你的心灵。

如果你曾经因为鲁莽而犯过错误；如果你被人咒骂；如果你的声誉遭到了毁坏，不要以为你永远得不到清白，勇敢地走出失败的阴影吧！让那担忧和焦虑、沉重和自私远离你；更要避免与愚蠢、虚假、错误、虚荣和肤浅为伍；还要勇敢地抵制使你失败的恶习和使你堕落的念头，你会惊奇地发现，你人生的旅途是多么的轻松、自由，你是多么自信!不管过去的一切多么痛苦，多么顽固，把它们抛到九霄云外。不要让担忧、恐惧、焦虑和遗憾消耗你的精力。把你的精力投入到未来的创造中去吧。请记住：生命在，希望就在!

上帝创造了青草和蔬菜，它们结出种子，各从其类；上帝又创造了会长果子的树，事情就是这样。上帝觉得还是少了什么。接着他创造了水滋养有生命之物，要雀鸟在地面以上、天空之中飞翔，可是他还是觉得这个世界太寂寞，就造出了大鱼和各种有生命的动物，它们各从其类。

最后上帝用地上的尘土造人，将生气吹到他的鼻孔里，泥土就成了有灵的活人。这个世界包括我们每个人都成了上帝手中杰出的作品。

可是最不懂得珍惜生命的就是人类自己。人对生命的残害是最无情的，在自相残杀中视生命为粪土，在大肆杀戮生命的过程中仰天狂笑。如此践踏生命的尊严，冲击着生命的道德底线。

一个在法国“鲸鱼学校”上学的13岁的学生，有一次他这样写道：“鲸鱼是如此安详，并让我接近它。它们的身体徐徐摆动。我靠近了一头在母鲸上边回游的小鲸鱼。它蓝色的身体距我仅20公分，不安地望着我，不知我将怎么对待它。这太诱人！我忍不住去抚摸它，它身上有很多小裂口，我看到我的手指在它光滑的皮上留下长长的痕迹。这是多么美妙。”

作为一种生命都有它可爱之处。浩瀚的大海，明媚的阳光，可爱的鲸鱼，与大自然如此融为一体，谁都会认为这一道最美的风景。画面一转，在电视上，一群日本人在捕捉鲸鱼，被网住的鲸鱼痛苦地挣扎，但最后还是成了猎物。为了捕捉鲸鱼而捞上来的很多无辜的海豚，正在嗷嗷地嘶叫着并等待着它们生命的最后毁灭。鲜血飘满了蔚蓝色的海洋，生命就这样在顷刻间黯然消失，那血淋淋的场面至今让人不寒而栗。

我又想起了在前一段日子在网络上还流传的“高跟鞋踩猫”闹剧，这在社会上产生了极大的影响，然而更为可怕的是我们对自己生命的践踏，在人类发展的历史上，战争从来就没有消失过。在战争中，生命变成了牺牲品。

《旧约全书》中对生命起源的解释让我感受到一种对于生命的敬意。我相信每一个人都是上帝的杰作，我不喜欢科学的解释肢解了人们对于生命的敬畏。人是生命中最后最美的一道风景线，虽然说不上完美。

珍爱生命，对生命怀有一份敬畏之心生活 ，我们的社会就会少一点血腥，多一点温暖，多一些仁爱、多一些生命的感动和精彩。

## 生存规则

中国古代大哲学家荀子在论人性时说："人之性恶，其善者伪也。"这句话的意思是说，人的性质如果看来是善的，那是他努力装扮成这样的，人性本来就是恶的。

人性是善是恶，绝非三言两语说得清。但是在现实生活中，与人打交道时的确要谨慎小心，对人不妨考虑一些防范对策，以防万一，否则待事情发展到糟糕程度时就为时晚矣。

一般人都不喜欢谋略意识强烈的人，也就是心眼太多的人。然而，在现实社会里，欺骗、狡诈的人大有人在。大到国家之间的争端，小到个人之间的利害关系，这种欺诈无处不在。因此，与其说欺瞒他人不正当的行为太卑鄙，倒不如说吃亏上当的人太单纯、太大意。

人生从某种角度看也是一场战争。在这种战争中，为了求生存，必须有慎重的生活方式和态度，这样才不至于上某些人的当，吃大亏。当然，为人并不需要自己去欺骗别人，但是，社会上鱼龙混杂，到处都是陷阱、圈套，必须小心提防。所谓"害人之心不可有，防人之心不可无"。

那么，究竟什么样的朋友应该提防呢？

《庄子》中指出："以利合者，迫穷祸患害相弃也。"就是说，因利害关系相结合的人，在遭遇困难逆境时，很容易背弃对方。与此相反，“以天属者，迫穷祸患害相收”。以“以天属者”是指彼此结合的关系是建立在极为信赖的基础上，这种朋友关系即使在逆境中，也会经得起考验，彼此相互帮助，同舟共济，患难与共。

而因为利害关系结合的朋友，早晚会中断。比如在商业关系中，许多朋友只是生意场上的朋友，因此，当你飞黄腾达时，这些人都会奉承你，沾你的光。而当你一旦失势，这些人便会抛弃你，另攀高枝了。这种事在官场和生意场上都很常见。

生活中的朋友也是如此。有些人交朋友只知道利用别人，而自己却很少为别人做些事情。这种朋友关系，很难维持长久。因此，交友时一定要慎重，尤其是那些有利害关系的朋友，交往时更要小心谨慎，保持距离。

鹰被认为是凶悍，强势的象征，是所有鸟类中最强壮的种族，根据动物学家所做的研究，这可能与老鹰的喂食习惯有关。老鹰一次生下4–5个小鹰，由于他们的巢穴很高，所以猎捕回来的食物一次只能喂食一只小鹰，而老鹰的喂食方式并不是按照平等的原则，而是哪一只小鹰抢得凶就给谁吃，在此情况下，瘦弱的小鹰吃不到食物就死了，最凶狠的存活下来。

不要忘记了人只是一种高级动物，是自然圈里的一分子。身在社会中，处在各种各样的竞争之中，没有人能逃避。我们就像动物一样在这个世界中为了生存而奔波。

正版的产品举步维艰，盗版却横行街头。听说正版的DVD还没有发行，盗版已经在世面上传开了。

医院里，一些疗效很好、副作用很少的好药被拒之门外，而相反一些垃圾药，吃起来无关痛痒却贵得要命，甚至毒副作用大得足以要命的假冒伪劣产品却大行其道。

讲信用有实力的建筑公司，做不到工程，而无资质无证照的乌合之众却工程不断，所以豆腐渣工程随处可见。

在职场上或者官场中常可见到有能力的被束之高阁，人才到处流放，平庸之辈青云直上，李太白只能游山玩水，陶渊明惟有去种田，屈原不得不自投汨罗江，苏东坡屡遭陷害。

我们知道现实的社会里，存在着种种的黑暗和不公平。小人易得志，道理很简单——因为小人什么手段都使得，很容易在短时间内得逞。所以我们应该奋起斗争去维护生命的尊严。

有一位德高望重的老学者，回忆自己文革时候的苦难。他说很多同事在文革中有的做了很多违心的事，说了很多违心的话。而这些依靠打击别人苟活下来的人，这一生都是悲剧；而那些优秀而正直的在文革中坚持自己的尊严，成为了斗争的牺牲品，也成为了国家和人民的损失。他不是说自己有多伟大，在不得不说一些违心话的时候，他选择沉默，而正是他的沉默却救下了不少人。选择退出，来保持自己的生命的尊严，这是最后的底线。

当处在社会的洪流之中，我们面对复杂的环境，用自己的力量去竞争。面对不公平，勇敢地站在对立面，大声呼唤正义。但是每个人心中都应该有一条底线。一旦底线被冲毁，生命的尊严就会跟着倒塌。有时，虽然我们身陷泥塘，却一样可以仰望星空。

在我们很小的时候，我们的哥哥姐姐是我们的上帝。如果他们不高兴，他们会发泄在我们身上。他们可能会说这样的话：

“我会向……告你的状。”(向你灌输内疚感)

“你只是个小孩子，你做不了这个。”

“你太傻，我们不和你玩。”

学校的老师对我们的影响是巨大的。在我念五年级的时候，有位老师说我太高，不适合做舞蹈演员。我相信了她，放弃了自己从事舞蹈艺术的理想。后来我年纪大了，已经不能再把舞蹈作为我的职业了。

在你小时候，你是不是把测验和分数理解为“只是表明了在一段时间我能展示出拥有多少知识”，还是认为“测验和分数衡量了我们自身的全部价值”？

我们儿时的朋友和我们一起分享了一些他们自己关于生活的错误信息。学校里的其他学生可能捉弄我们，并且留下长时间的伤害。当我还是一个孩子时，因为名字的谐音，他们叫我“大傻瓜”。

邻居对我们也有影响，不仅因为他们会谈论我们，还因为有人会问我们：“邻居会怎么想？”

回想一下在你童年时期权威人物们对你有何影响。

期刊和电视中的广告对我们的影响也很大，并且还很有说服力。很多产品广告采取的策略都是：让我们感觉我们是没有价值的、错误的，如果不用他们的产品的话。

我们要战胜我们早年形成的限制性思维。不管它们是什么，我们都要战胜它们。在这里我们认识到自己有多么辉煌，充满了灵性，不管他们是如何告诉我们的。你要克服你的消极观念，而我也有我的消极观念需要克服。

在我广阔的人生中，一切都是完美、完整和完全的。

过去无法将我羁绊，因为我愿意学习和改变。

我看到我的过去必然地将我带到现在，我愿意从我现在所处的地方开始，打扫我头脑里的房间。

我知道从哪一间开始并不重要，所以我现在从最小的和最容易的房间开始，这样我将很快看到成果。

做这样的冒险我感到颤栗，因为我知道我再也不会有这样独特的经历。我愿意给我自己自由。

我的世界里一切都好。

每个人都要构筑自己人生的梦想，构筑一幅希望之图，能有效地促进自己建立信心达成目标。

被誉为“世界旅馆皇后”的纽约华尔道夫大饭店，这家饭店位于纽约巴克塔尼大街，共有43层，拥有6个厨房，200名厨师，500位服务生，2000间客房，还有附属私家医院与位于地下室旁的私家铁路。它曾接待过世界上许多国家的国王、王子、皇后、政府首脑和百万富豪，堪称世界上最豪华、最著名的饭店。

早在1931年，希尔顿第一次在报刊上看到这座刚落成的大饭店的照片时，就为之倾倒。他把这张照片剪下来，在它下面写上“饭店中的佼佼者”几个字。当时他正处于极度困难的境地，但他始终将这张照片揣在皮包里或压在办公桌的玻璃板下。这是他梦寐以求的理想之物，他希望有一天也能够拥有这样的饭店。以后，希尔顿走到哪里，就把照片带到哪里。最先，照片放在皮夹里，当他再度有了书桌后，又被放在玻璃板下。

经过前后18年的努力，希尔顿终于如愿以偿。在1949年10月12日那天，这家饭店终于归他所有了。

庆祝晚宴后，希尔顿站在华尔道夫饭店的天井里，仰望耸入云霄的大厦，沉浸于忘我的境地。抚今忆昔，他彻夜未眠，不知不觉地站到了天明。希尔顿后来提起这件事，总是感慨地说："购买'华尔道夫'，是我生命中的一个转折点。"

有很多成功者，他们之所以会取得成功，是因为他们心中不仅有实现目标的执著行动，而且在他们的脑海里面还有成功的情形，好像成功的图像一样。成功的图像给追求成功的人以形象化的、更具亲和力的感召，有如希尔顿取得的成就一样。

钢铁大王洛克菲勒说过："每个人都是他自己命运的设计者和建筑师。对于现在的你，或许5年以后的事还是很遥远的，但可以想象一下，5年以后你会达到什么样的目标，把目前那个遥不可及的梦在脑中建立一幅成功的图像，并作为5年的奋斗目标去实现它，那么梦想还远吗？"

在工作过程中，如果做到全身心的投入，适当地给自己一些激励，精神状态就会改善，对待工作的热情也会高涨。你心目中成功的图像可以作为你最有效的激励。反过来说，如果你的目标就是糊口度日，每天按常规三点一线的生活着，没有激情，没有追求，自然对挣钱就提不起兴趣。试图找到一些乐趣，就可以调动你的积极性，为了更好的实现这个期望不懈努力。比如，预期一个与家人共同旅游的计划，或者预期购买一件心仪已久的物品，就能激发出你的能量。

## 生命与心灵

最珍贵的是生命，最美好的是心灵。勤勤恳恳做每一件事，平平淡淡对待生命，那么我们在名利面前，就多了一份平静，少了一份贪婪。努力了，属于你的，跑不掉；不属于你的，再苛求也难得到，别把自己弄得那么累。

生活原本可以平平淡淡，平平淡淡才是生活的本质。放开心情，享受平淡生活，平淡之中蕴含着生活的真谛。

有一条鱼在很小的时候被捕上了岸，渔人看它太小，而且很美丽，便把它当成礼物送给了女儿。

小女孩把它放在一个鱼缸里养了起来，每天它游来游去总会碰到鱼缸的内壁，心里便有一种不愉快的感觉。后来鱼越长越大，在鱼缸里转身都困难了，女孩便给它换了更大的鱼缸，它又可以游来游去了。可是每次碰到鱼缸的内壁，它畅快的心情便会黯淡下来，它有些讨厌这种原地转圈的生活了，索性静静地悬浮在水中，不游也不动，甚至连食物也不怎么吃了。

女孩看它很可怜，便把它放回了大海。它在海中不停地游着，心中却一直快乐不起来。一天它遇见了另一条鱼，那条鱼问它："你看起来好像闷闷不乐啊!"

它叹了口气说："啊，这个鱼缸太大了，我怎么也游不到它的边!”

我们常常就像那条鱼，在鱼缸中待久了，心也变得像鱼缸一样小了，不敢有所突破。即使有一天，到了一个更为广阔的空间，已变得狭小的心反倒无所适从了。

心就是一个人的翅膀，心有多大，世界就有多大。如果不能打碎心中的四壁，即使给你一片大海，你也找不到自由的感觉。

我们知道生命只有一次，是父母的给予和上帝的恩赐，生命本身就是一份礼物，也是一种幸福。我们没有理由不去珍惜自己的生命，生命不属于自己一个人。虽然我们都知道珍惜生命，却很少有人知道如何去珍惜。智者说：珍爱生命，从修养自己的心灵开始。

威廉·赛姆儿是美国著名投资大师。他的事业如日中天，在全球金融领域里，“威廉·赛姆儿”这几个字如雷贯耳。在一次十拿九稳的投资中，他由于分析错误而损失了一大笔资产。朋友与家人都对他很不满，可威廉·赛姆儿却异常沉着，将这次投资的整个分析过程一一回想，找到了其中产生错误的主要原因。紧接着，他又有了一次投资机会，家人与朋友都非常担心，害怕他不能从上一次的失败中解脱出来。但是威廉·赛姆儿本人毫不动摇，坚持要投资，并获得了成功。

在人漫长的一生中，谁也不能保证自己永远不犯错，但我们应该从错误中积累经验教训，而并非永远消沉。

有个渔人有着一流的捕鱼技术，被人们尊称为“渔王”。然而“渔王”年老的时候非常苦恼，因为他的3个儿子的渔技都很平庸。于是他经常向人诉说心中的苦恼：“我真不明白，我捕鱼的技术这么好，儿子们的技术为什么这么差？我从他们懂事起就传授捕鱼技术给他们，从最基本的东西教起，告诉他们怎样织网最容易捕捉到鱼，怎样划船最不会惊动鱼，怎样下网最容易请鱼入瓮。

他们长大了，我又教他们怎样识潮汐，辨鱼汛……凡是我长年辛辛苦苦总结出来的经验，我都毫无保留地传授给了他们，可他们的捕鱼技术竟然赶不上技术比我差的渔民的儿子！”

一位路人听了他的诉说后，问：“你一直手把手地教他们吗？”

“是的，为了让他们得到一流的捕鱼技术，我教得很仔细很耐心。”

“他们一直跟随着你吗？”

“是的，为了让他们少走弯路，我一直让他们跟着我学。”

路人说：“这样说来，你的错误就很明显了。你只传授给了他们技术，却没传授给他们教训，对于才能来说，没有教训与没有经验一样，都不能使人成大器。”

不经历风雨怎能见彩虹？孩子是在摔倒了无数次之后才学会走路的，伟人的发明创造更是经历了无数次失败之后才成功的。可口可乐董事长罗伯特·高兹耶达说：“过去是迈向未来的踏脚石，若不知道踏脚石在何处，必然会被绊倒。”教训和失败是人生历练不可缺少的财富。

我们在学习、工作过程中，要及时总结经验教训，只有吸取了经验教训，才能避免在以后的人生中犯类似的错误。学会及时总结得失，我们才会有个良好的心态，宠辱不惊，面对生活反馈给人们的一切。学会及时总结得失，我们自己才会不断完善，一步一步迈向成功。

纷扰的世界里充满了各种诱惑，很容易就迷失了自己。生命成了挥霍的资本，然而自己却毫无知觉。居住在闹市，在嘈杂的环境之中，关闭门窗也无法不让自己受外界的影响，所谓“大隐隐于市”，任它潮起潮落，风来浪涌，我自悠然坚守自己的信念。那是一种洒脱，是一种境界，是一种生命的高度。

虽然用这样的标准来要求自己似乎不现实，但是至少在心中保留那一份纯真。面对世俗，如砥柱不随波逐流；面对权贵，如雪峰坚守自己的高洁，这是勇敢，也是骨气。心中有追求，但不能在追求目标的人生路上迷失自己。

思想家说：有的人活着却死了，有的人死了却活在大家心中。这是对生命新的阐述，生只是一种状态，如果没有追求，整天浑浑噩噩，便如同行尸一样，生命又有什么意义。人生要有所追求，追求事业，追求爱情，追求美好的生活。有了人生追求，生活才会更精彩，世界才会更美好，生命才会有意义。

人生不如意者十有八九，美好的愿景并不见得都能实现。保持一颗感恩的心，才能让自己保持愉悦的心情。面对挫折、苦难，能否保持一份豁达的情怀，能否保持一种积极向上的人生态度，这需要博大的胸襟，非凡的气度。在失败和挫折中磨练自己的坚强的心，感受孤独，安享寂寞，这是一种生命的状态。

珍爱生命先学会感恩生活。感恩是一种处世哲学，是生活中的大智慧。人生中常怀感恩之心，生活中常怀感激之情，感受到的就是阳光灿烂，心中永远是春意漾然。笑着面对世界，世界也笑着迎接你。

生命就是不断经历，在经历中不断修养自己的心灵。珍爱生命，健康是金；修养心灵，幸福一生。

## 勇敢地面对拒绝

一位名人曾说，给我一个支点，我就能撬动地球，但我要说，请给我一个理由，让我更加坚定自己的追求。命运的门紧闭着，脚下的路延伸着，曾经有多少次被拒绝，曾经有多少次遭到粗暴的质问，曾经流过多少伤心的泪水，曾经有多少伤痕还留着带血的印记，但我仍然如一，因为我的心里有一颗小小的种子在等待着开花的声音。或许有另一把锁也能打开命运的大门？或许会有另一条路会通往无形智慧的目的地？只要明天太阳还会升起，生命就会出现奇迹。

如果再给我一次重新定位的机会,我还要这样说这样做。不仅仅是因为这次我胜利了,而且更大程度上是因为我认为无论是做人还是做事都需要一股子冲劲,或者就是我们常说的勇气吧。

有一天,明治保险公司的推销员原一平突然闪出一个念头:三菱银行一定融资或投资许多公司,银行的总裁串田万藏也是明治保险公司的董事长。若能得到他的介绍……天啊!他不敢再想下去。他兴奋得心跳加快,立即展开行动。

他找到公司的业务最高主管,常务董事阿部,恭恭敬敬地说了他的伟大计划,并要求他代我向串田取得介绍信。

阿部一言不发听完他的计划和请求,说: “你的计划很好。如果计划成功,我也很高兴。不过,有些情况你不了解。当时,三菱公司投资明治保险公司时,讲明绝不介绍保险。所以,我代你向串田董事长请求介绍信的话,明天我就可能被革职了。”

原一平决定直接去见董事长。

第二天上午9点,他被带进董事长的会客室。

两个小时过去了仍不见董事长进来,他不由自主地在沙发上打起了瞌睡。突然,他觉得肩膀被人摇了两三下,他立刻惊醒,眼前出现了照片上早已熟悉的串田董事长。

“你找我干什么?”董事长劈头大声问道。

原一平一下子慌了手脚,先前的演练早已忘的一干二净,他结结巴巴地说:“我……我是明治保险公司的原一平。”

“你找我到底有什么事呢?”不等他说完,串田又来了一句。

“我想去访问日清纺织公司的总经理宫岛清次郎先生。想请董事长给我写张介绍信。”

“什么,保险那玩意儿也是可以的吗?”

每当碰到针锋相对的激烈场面时,原一平暴烈的个性立刻浮现,而且常给对手以致命的反击。他一听董事长这句话,向前一大步,大骂道:“你这混账东西!”

董事长愣住了,往后退了一步。

原一平不解气地继续说道:“你刚刚说保险这玩意儿,公司不是一再地告诉我们推销人寿保险是神圣的工作吗?你这个老家伙还是我们公司的董事长啊!我要立刻回公司去,向所有员工宣布。”说完,他怒气冲冲地夺门而去。

一冲出门,他立刻为自己的粗野行为懊悔不已。他六神无主地在街上徘徊,泪如泉涌,不知所措。最后还是回到公司,向阿部详细报告全部的经过情形,并说打算在向阿部道歉后,立即提出辞呈。

这时,电话铃响了。一放下话筒,阿部便面对着原一平哈哈大笑地说:“这是串田董事长的电话,他说刚才三菱公司来了一个很厉害的年轻人,吓了他一大跳。”接着,阿部拍拍原一平的肩膀说:“他还说你是个优秀职员呢!”

更出其不意的是,董事长还邀请原一平去他的住所。在住所,董事长热诚地欢迎原一平到来,把双手按在他的肩上,亲切地与他交谈。谈话结束后,董事长提议去三越百货公司,给他买了新西装、新衬衫、新皮鞋。此后,凡原一平需要的客户,董事长都介绍给他。受宠若惊的原一平认识到自身责任的重大,更加兢兢业业地工作,使他的个人业绩连续15年居日本全国第一,形成了独霸全国保险市场的局面。

## 不屈的斗志靠你的精神

在漫长的有生之年,我们会选择真诚与磊落——对反正总是要到来的生命终点,时刻保持一份坦然。这样的危机感,这样的“身后意识”,对于生命来说,沉重还是轻松?

早出晚归,响应“联合指挥部”的号召,兴致勃勃地“转战”在一个个批斗会场。

那天早晨,有个一字不识的老人叫住了急匆匆又要出门的青年,忧心忡忡地对他说:“男娃是该什么事风光就干什么。可除了风光,还得想想自己干的事亏心不亏心。出门前你问三回:干下这事了,十年之后怕不怕见人,百年之后怕不怕见鬼?问三回心里不犯嘀咕,就大胆干去。”

这青年就是我的父亲,这老人就是我的奶奶。

我的哲人一般的奶奶!正如她所料,恰恰是十年,所有被颠倒了的是非,又被颠倒过来。在拨乱反正的年代时问心无愧的父亲无数次对我们提起这件事,无数次念叨这句话;我便在心里无数次感激着一字不识的奶奶——她用极朴素的良知,感悟到了“身后”的事情。

藉这份认知,可以少干很多日后追悔莫及的事情。把“身后”二字放在嘴里嚼一嚼,并不比捶胸顿足、大哭一场多费力气。

一部影片有这样一幕:一位老人弥留之际,紧握着女儿的手:“我如果知道死亡会这样突如其来,我一定善待所有的人。”

假如人们能常怀一种对生命的危机感,也许我们会少一些遗憾。你看踢加时赛的足球队员,哪一个不是竭尽全力的拼命冲杀?因为他们非常清楚:一旦闪失,就会“突然死亡”。所以常揣着一份危机感。

## 踢掉路边的绊脚石

人们为了梦想,至今仍在努力实践它。同样快乐是需要智慧获得的。

高中时一位英文老师曾对全班同学说了一段让我印象深刻的话:“世界上什么人最快乐?只有高度智慧者最快乐,因为他们单纯地不明白什么叫不快乐,但是在座的各位没有这种单纯快乐的能力,所以惟一的方法,就是让自己聪明一点,懂得找寻人生的快乐!”

快乐是不能外求的,我有一位朋友十分聪明,而更让我欣赏的是他对人生的坚毅和积极乐观,他说他喜欢这样一句话:“当你年过30岁,你永远不会再老了,只会变得更聪明”。我把这句话送给所有害怕过生日、会老一岁的朋友。

所有的才干、知识、学历都是手段,生命的终极意义其实仅是“快乐”二字。所以无论高低贵贱,每天都开心地微笑的人才是最聪明的人。

有一个人去求教心理医生,他抱怨道:“我的生活乏味透了,真没意思。”

“那么我们做一个小小的实验吧,”医生说,“我告诉你怎么做。明天一早醒来的时候,你就想像并且假装那是你还能活着的最后一天。你躺在床上,努力试着下床,同时告诉自己,这是最后一次躺在柔软的床上了,也是最后一次从睡眠中醒过来了。”

“然后你下楼去吃早饭,要记住喔,那是你最后的一顿早餐。请太太替你弄一些你最爱吃的东西。不要像平常一样在餐桌上看报,反而要跟太太好好谈谈话,因为你以后再也没有这样的机会了。”

“在去车站的路上,要慢慢地走,好好看看你自己的房子,你住的小镇,也好好看看你左邻右舍的房子,因为这也是最后的一次了。上了火车,要明白那是你最后一次坐火车进城,你不喜欢的东西,也都要去瞧它一眼,因为你很快就要跟他们永远再见了。”

这个人答应了医生,要尽力去做这个实验,然后回来报告结果。

他根本没有等到第二天,马上就开始想像当天就是他的末日了。在回家的火车上,他仔细观察窗外景致,而不是像以前一样地翻阅晚报,结果他发现小镇和村庄的灯光非常迷人,真正地品尝到了坐火车的乐趣。

然后在星空之下,沿着洒满月光的街道走回家。到家门口,他不掏出钥匙开门。反而是按门铃,门打开来后,在金黄色的灯光下,站着的是结婚25年的妻子。他把太太紧紧搂住,并且给她一个生平最热烈的亲吻。

此时此地,他决定从明天起,在上帝给他的每一个日子里,都要好好地活下去。

## 开除自己才能进步

有一个人,在不到十年的时间里,竟多次开除自己。第一次是在1993年,也就是他大学毕业后两年,离开了工作单位宁波市电信局。第二次开除自己,是在外企,缘于他想创办一家网络服务公司。最终,他创办网络公司并一举成名。也许,你已经猜出来了,他就是搜狐公司总裁张朝阳。用张朝阳自己的话说就是:“开除自己,才能成功。”

当“知足常乐”成为一些人生活信条的时候,“开除自己”,就显得很有震撼力。确实,安于现状,也能暂时得到一些世俗的幸福,但随之而来的,可能是懒散与麻木。甚至可以这样说:开除自己,是对智力与勇气的挑战。

由此,我想起了一个哲理小品:把青蛙放在锅里,然后,加上满满的一锅水,用小火慢慢地加热,青蛙会被渐渐地蒸死;而若把青蛙突然放进热水里,出于求生的本能,它会竭尽全力地跳出来。

这篇小品,可以有几种理解,但我认为,一个原地踏步、不思进取的人,和在锅里被慢慢加热蒸煮的青蛙,又有何本质的区别?

若从字面上说,开除自己,还有这样一层意思:如果你是个见了毛毛虫也要打哆嗦的人,那么,请开除自己的懦弱;倘若你是一个毫不利人、专门利己的人,那么,请开除自己的自私……同样道理,我们还可以开除自己的浅薄、浮躁、虚伪、狂妄——总之,你尽可能地开除自己的缺点好了,使自己不断地趋于完美,就像一棵不断修枝剪蔓的树,惟一的目标,就是为了日后做一棵高大挺拔的栋梁之材。

## 走最短的路还是走最快的路

坐在出租车上,司机问:“先生,是走最短的路,还是走最快的路?”

我好奇的问他:“最短的路不是最快吗?”

“当然不是,现在是高峰,最短的路经常交通堵塞,走的时间就长。您要是有急事,就得绕道走,多跑点路,可能早到……”因为我有急事,当然只能选择最快的路。其实,即使我没有急事,也不愿在出租车里坐上很长的时间。

走最短的路,还是走最快的路?

一个人不只是在坐出租车时能遇到这种情况,人生的时时刻刻都会面临着这样的选择,这种选择有时让人很无奈,可只要想有出息的人都会选择走最快的路,而宁愿让自己多吃苦多受累多走路,因为一个人的一生时间是有限的,机会是有限的,只能选择最快的路。

我的朋友栖云写过一篇非常好的随笔,她写坐车上山走盘山道的感受。坐车上山,从山底到山顶的路都是盘山而上的,路的距离是直线到山顶的几倍甚至十几倍。可我们想一想,要是修一条从山底直达山顶的直线的路,那得有多少车和人要葬身此山呀!走最快的路还有一个前提:最快的路也应该是安全的路!

走最快的路,有时还得走一段艰辛的路,被荆棘划破皮肉,被乱石扎破脚,可为了快点到达目的地,也只能忍受一些苦难。

走最快的路,还得少犹豫。要是走到每个路口都坐下来想半天走哪条路更快,那可能就是走得最慢的了。人生需要选择,也需要立断,选择与立断是成功的两个不可缺少的条件。

## 当自己不是心甘情愿时，别害怕讲不

英国作家毛姆在小说《啼笑皆非》中讲过这么一段耐人寻味的故事——一位小人物一举成为名作家了,新朋老友纷纷向他道贺,成名前的门可罗雀同成名后的门庭若市形成了鲜明的对比。毛姆为我们描写了这样一个场面:一位早已疏远的老朋友找上门来,向他道贺,怎么办呢？是接待他还是不接待他？按照本意,自己实在无心见他,因为一无共同语言,二来浪费时间;可是人家好心好意来看你,闭门不见似乎说不过去。于是只好见他了。见面后,对方又非得邀请他改日到他家去吃饭。尽管他内心一百个不乐意,但盛情难却,他不得不佯装愉悦地应允了。在饭桌上,尽管他没有叙旧之情,可是又怕冷场,于是又得强迫自己无话找话。这种窘迫相可想而知……来而不往非礼也,虽然他不再愿意同这位朋友打交道,但他还是不得不提出要回请朋友一顿。他还得苦心盘算:究竟请这位朋友到哪家饭店合适呢？去一流的大酒店吧,他担心他的朋友会疑心自己是要在他面前摆阔;找个二流的吧,他又担心朋友会觉得他过于吝啬……

在很多时候,想拒绝别人的时候,你只要简单地说一句:“我实在有更要紧的事要做。”就可得到绝大多数人的谅解。

闹钟响了，又是一个星期天的早晨。布朗本来可以好好睡一个懒觉，但是有一种强烈的罪恶感驱使他起身去教堂做礼拜。布朗洗漱完毕，收拾整齐，匆匆忙忙赶往教堂。礼拜刚刚开始，布朗在一个靠边的位子上悄悄坐下。牧师开始祈祷了，布朗刚要低头闭上眼睛，却看到邻座先生的鞋子轻轻碰了一下他的鞋子，布朗轻轻地叹了一口气。布朗想：邻座先生那边有足够的空间，为什么我们的鞋子要碰在一起呢?这让他感到不安，但邻座先生似乎一点儿也没有感觉到。祈祷开始了："我们的父……"牧师刚开了头。布朗忍不住又想：这个人真不自觉，鞋子又脏又旧，鞋帮上还有一个破洞。牧师在继续祈祷着，"谢谢你的祝福!"邻座先生悄悄地说了一声，"阿门!"布朗尽力集中心思祷告，但思绪忍不住又回到了那双鞋子上。他想：难道我们上教堂时不应该以最好的面貌出现吗?他扫了一眼地板上邻座先生的鞋子想。祷告结束了，大家唱起了赞美诗，邻座先生很自豪地高声歌唱，还情不自禁地高举双手。布朗想，主在天上肯定能听到他的声音。奉献时，布朗郑重地放进了自己的支票。邻座先生把手伸到口袋里，摸了半天才摸出了几个硬币，"叮啷啷"地放进了盘子里。牧师的祷告词深深地触动着布朗，邻座先生显然也同样被感动了，因为布朗看见泪水从他的脸上流了下来。礼拜结束后，大家像平常一样欢迎新朋友，以让他们感到温暖。

布朗心里有一种要认识邻座先生的冲动，他转过身子握住了邻座先生的手。邻座的先生是一个上了年纪的黑人，头发很乱，但布朗还是谢谢他来到教堂。邻座的先生激动得热泪盈眶，咧开嘴笑着说："我叫查理，很高兴认识你，我的朋友。"邻座先生擦擦眼睛继续说道："我来这里已经有几个月了，你是第一个和我打招呼的人。我知道，我看起来与别人格格不入，但我总是尽量以最好的形象出现在这里。

星期天一大早我就起来了，先是擦干净鞋子、打上油，然后走了很远的路，等我到这里的时候，鞋子已经又脏又破了。”布朗忍不住一阵心酸，强咽下了眼泪。邻座先生接着又向布朗道歉说：“我坐得离你太近了。当你到这里时，我知道我应该先看你一眼，再问候你一句。但是我想，当我们的鞋子相碰时，也许我们就可以心灵相通了。”布朗一时觉得再说什么都显得苍白无力，就静了一会儿才说：“是的，你的鞋子触动了我的心。在一定程度上，你也让我知道，一个人最重要的是他的内心，不是外表。”还有一些话布朗没有说出来，这位老黑人是怎么也不会想到的。

布朗从心底深深地感激他那双又脏又旧的鞋子，是它们深深触动了自己的灵魂。外形的美丑不能决定其品性和人格，美丽的体貌里更有美丽的品性的人，才是真美；体貌丑，品性又低，这才是真丑。上帝造人还没有这样的定律，说是体貌美丽的男女，品性也一定是美丽的；也没有说体貌丑陋的男女，品性也一定是丑陋的。

你若是个体貌美丽的人，要记着美丽在某时期中虽会给你幸福，但是绝不能持久，到了生活发生危急的时候，美丽不一定能救你。倘若你是丑陋的，你也有种种好处：你不致浪费时间，去寻找愚昧者的称赞。我们所需要的是尊重，美丽的人虽很容易得人尊重，但也很容易失掉，而你却实在有得到被人长久尊重的可能。所以你必须发展你对于社会有用的能力。

抛救生圈到水里去救人，被救者绝不注意救他的人是美丽的或丑陋的，他只知道救他的人的行为是值得感激的，你就去做那抛救生圈的人罢!无论长得美或丑，都不能决定人生的美丑。人生之美是靠你美的品行和心灵来缔造的，而不是你的外表。外形的美丑并不能左右人的魅力，许多外形并不诱人的人却充满迷人魅力，这个秘密就在于他们具有精神魅力。如果一个人具备高尚的情操、丰富的知识，并乐观开朗，善待他人，这样的人，即使其貌不扬，也照样光彩照人。

## 善于利用魅力资本

怎样才能定位一种没有短见却有自信的成功性格呢？想象一下这个问题的答案,想象你正爬越心中的山脉,想象你正冲过终点。表面上看,这些设想好像很不实在,但往往却能增加你的耐力,使你百折不挠,继续向理想迈进。

青年人应当明白：拥有魅力在无形中已建立了你的竞争优势，你给了很多人以深刻的印象，那么自然与他人建立合作的可能性也增加了。同时，你往往能做到更有效率地协调人际关系，影响力更大，更容易给对方留下难以磨灭的印象。有魅力的人往往在成功的道路上畅通无阻。所以培养你的魅力，使自己成为有魅力的人是你走向成功的重要一课。这就叫“魅力资本”。

你可能会为一个才华横溢的人所折服，你可能会为一个妙语连珠的人所折服，但你更可能对一个性情温和、充满宽容与友爱之心的人留下深刻的印象。所以，构成一个人魅力的最核心因素往往不仅仅是天赋与才华，更重要的是一个人的性格、一个人的个性。

但一谈到性格或者个性，往往很多人就感到失望，因为他们认为个性或性格是很难改变的东西，所以要通过个性的培养成为一个有魅力的人其实很困难。这种说法有一定道理，但不全对。改变你的个性是很难，但不是没有可能。如果我们以积极的心态来面对这个问题，那么我们就不会认为这一切是不可改变的。如果你朝着改变自我的方向上不懈努力，那么你终究会成功的。

如果我们能去抵抗这已形成的性格，就能够创造出新的个性。但大部分人的想法，首要的理由是不想改变自己。人就是这样，都希望自己成为精力充沛、充满理想、信心十足的人，都想成为极富魅力的人。但很少有人真正地在这个方面进行努力，因为人们常常满足于现状，一遇到改善自我的这种新想法时，就会无意识地保护自我。几乎大部分人，都想学习有魅力的个性、都想成为有丰富思想的人，但他们又往往采用旧的习惯而不愿有所改变。这是因为已有的性格往往根深蒂固，积习难除。威廉·詹姆士说：“人希望自己所处的状况更好，却不想去实现。因为，他们被旧我束缚着。”

又有很多人希望并有勇气去改变自我的个性，但他们不知道该怎样去做。很多人希望变得更有魅力，但他们往往不知道怎么做。一般来说，每个人的个性都是逐渐形成的。每个人的个性都由一个个细小的方面构成。你怎么说话；你怎么对待他人；你在饮食、睡眠方面有什么样的习惯；你怎么对待不同的意见；你喜欢什么样的生活方式；你在商业行为中习惯扮演什么样的角色；你是否总是露出微笑等，这一切的综合就构成了你丰富的个性。既然你的个性是由很细小的方面决定，那么如果要改变的话，也要从每个具体的方面开始。如果从明天开始，你能使你自己的说话方式变得更温和，使你自己的饮食更有节制，使你自己对别人更有热情，并且持之以恒，那么你的旧个性就会逐渐地消磨掉，而更具魅力的新个性就会形成。

思想、行动与感情构成了你性格的三大基石。所以若要从具体的方面来改变你的个性，你还要在思想、行动与感情方面进行努力。你的外在表现，也就是你性格的特征，主要不是由当时当地的环境决定的，而是由你的内在思想创造的。你能否改变自己也主要不是由于别人是否对你进行了批评，而是你自己本身是否想改变自己。所以是你的思想创造了你本身，使你成为今天这个样子的。可能你没有意识到，但你仔细想想，是不是你怎么想就决定了你的性格？你为什么不被人喜欢呢？大概是你的想法不受欢迎。你为什么魅力四射呢？首先是你的想法，其次才是你其他条件的配合，使你引起了人们的普遍关注。有的人之所以无法成功，是因为他的想法使他难以成功。

别人通过你的行动--你的说话方式、你的做事方式、你的脸部表情--才能给你一个评判，才能使他们心中形成一个印象。行动是造就你魅力的关键，还因为只有通过行动你才能改善自身。通过很多小的行动、通过人格的训练、通过对自我行为的反思与调整，你就可以创造新的自我，使你自己变得更富有魅力。

魅力是别人对你的看法，他们通过你的外在表现、你的行动与思想，对你产生了喜欢以至某种带有神秘色彩的感情，所以魅力本身是一种感情。而别人对你的感情是与你对他们的感情高度相关的。如果你的感情特征是积极的、友善的、温和的、宽容的，那么你往往魅力大增；反之你就会成为一个不受欢迎的人。所以感情也影响了人性格的很大部分。

那么什么样的人是富有魅力的人呢？什么样的性格造就魅力呢？西方心理学界提出了一种说法，称为“令人愉悦的个性”。如果你拥有令人愉悦的个性，你往往会使自己的魅力大增。并非所有的性格都是令人愉悦的，有很多性格令大部分人感到不喜欢、讨厌，甚至是难以容忍。比如人们一般不喜欢消极的、极端化的性格特征，人们对报复性的、敌意的性格特征更是感到厌恶，但一般人们都喜欢富有热情的、积极向上的、友善的、亲切温和的、宽容大度的、富有感染力的性格。所以，如果你能够培养起为大部分人所喜欢的正面性格，那么你成功的可能性就大大增加了。

一般地说，令人愉悦的个性包括以下几种正面的性格特征：

1. 富有热忱

很多人不能成功是因为他们缺少热忱，他们缺乏对人、事、物的热情关注，甚至对成功也缺乏热忱，这样他们当然无法成功。你考虑一下：你是否对某些事情充满热忱？你是否特别关注于某个学科？你是否希望在某个领域有所建树？是否有些问题在不断地吸引你的注意力？你是否由于事情本身就会全身心的投入其中？如果你不是这样的，那么你就要改进，你要记住：一定要培养自己的热忱。如果你是这样的，那么你就是一个潜在的成功者。

在交往中，每个人都喜欢谈论自己所擅长的东西，展现自己的魅力所在。所以你与他人友好交往、建立良好人际关系的前提是尊重并倾听他人所谈论的话题，因为这些话题往往更能体现他的优势与价值，但这对你来说，往往又是个汲取知识的大好机会。你要对任何人感兴趣，而不只是在你现在看来重要的人物，而且最好能一直保持下去，如果你无法做到这一点，那么你在其他方面的优势就要大打折扣。你真正的注意别人，比对他说些恭维的话要来得有效果。你要学会去关心别人正在做的东西，这对他人来说，意味着你很重视他的工作与成就，而这对你本身来说就是一个学习新知识的机会。

培养热忱的一个重要方面是对事物的兴趣。但如果是你本身缺少热忱，这就是一个更大的问题了，你一定要培养对事情的热忱。当你每天起床的时候，你是怎么想的呢？“新的一天开始了，我又可以做更多事情了。我很高兴。”还是“一天又开始了，又要去上班了。真烦！”如果你长期保持第二种状态，你的成功几乎就没有什么希望。你之所以讨厌上班，可能是因为你不喜欢你现在的工作，也可能你完全缺乏做事的热忱。如果是第一种情况，你就应该换个喜欢的、能调动你热忱的工作了，即便新的工作给你带来的直接收入要少，你还是要这样做，因为你会在这样的工作职位上不断长进，直达成功。

除此之外，对事物的热忱往往还有助于你激发其他人，使他人觉得你是一个精力充沛、充满活力的人，这也可以大大地提升你的形象与魅力。所以拿破仑·希尔经常告诫人们，“要控制你的热忱”。热忱是令人愉悦的个性的一部分，热忱可以改变你的人生。

2. 亲切随和

很多关于领袖魅力的书籍都强调神秘感与保持威严，这有一定道理。威严固然令人敬畏，但亲切随和更令人喜欢。因此，在某种程度上，这种说法更适合一个等级社会或专制社会。随着社会的演进、教育的普及、身份的平等化，这种个性成功的可能性越来越小。而在一个较为自由的社会，让他人喜欢你远比让他人敬畏你更有价值。让别人喜欢你，可以为你带来合作机会，为你带来一笔交易，为你带来商业利益，但让别人敬畏你，能给你带来什么呢？

威严也许是专制社会的成功个性，但自由社会的成功个性是亲切随和。亲切随和的最大好处是对人平等，给人以尊重感。如果你不尊重别人，又想与别人建立起一种良好的关系，这几乎是不可能的。尊重他人是人际关系的第一条原则。亲切随和的人往往更能广结人缘，获得他人的好感与认同。

“你为什么喜欢与他在一起？”

“与他在一起让我感到很轻松，他很随和。”

我们经常听到这样的对话。这就说明亲切随和是令人愉悦的个性。所以，如果你希望自己培养令人愉悦的个性，就要做个亲切随和的人。

3. 温和谦恭

我们在生活中经常遇到一些人，他们对他人的看法很尖刻，容易急躁，有了怒气则暴跳如雷，或者是在很多时候都咄咄逼人、盛气凌人。而自己所持的意见、立场不容他人辩驳。我们恐怕很难喜欢这样的人，更谈不上感到愉悦了。这种做法的共同特征是缺乏温和的性情与谦恭的心态。

温和的性情表明一个人极富涵养，非常成熟，对人和物都有全面的看法。而与之相反的品质，比如急躁、易怒、不安、尖刻、锋芒毕露等等，都说明一个人离高尚的境界还有很大的距离，也很难获得他人的助益，从而也较难获得成功。成功者在性格上的特点往往是心平气和，他们在任何复杂问题面前都能保持清醒的头脑，不被烦躁不安的情绪所支配。即便他们受到了恶意的攻击，他们也能心情自然，因为他们知道温和与泰然是对付恶意攻击的最好办法。当他们的观点看法被人彻底否定时，他们也能耐心地听取别人的看法，而同时保持一种友好的姿态。

在一切场合，都要做到性情温和、彬彬有礼，这会为你奠定成功的基础。在令人愉悦的个性中，我们绝对找不到傲慢、自大和惟我独尊的影子。愤怒没有任何价值，在任何时候都不要愤怒。在任何时候都不要急躁不安，急躁不安也不会给你任何助益。成功者有一颗充满信心的头脑，但他们一般也有一颗谦恭的心。在任何社会，我们都找不到全智全能的人。在现代社会，个人的知识与社会生活的复杂相比，尤其微不足道。所以，每个人都会在很多领域是知识上的盲人，而谦恭使得你无须掩饰你的无知与缺陷，它反而又会使你学到很多更有价值的东西。

4. 富有感染力

如果你做到了以上三条，你就是一个很受欢迎的人了。但如果你还能做到这一条，就会使你更具魅力。你有没有注意到，成功者的重要特点是他的个性富有感染力。每到一处，他容易用自己的行动和语言打动别人，否则他怎么给别人留下深刻的印象呢？所以，你要努力培养你的感染力。

那么，怎样才能培养感染力呢？是什么构成感染力的基础呢？是什么东西感动你自己？你要观察那些使你深受感动的人，他们的一举一动、一言一行。这里既有性格的因素，又有语言的技巧。但是有一点是相通的，感染力的基础是共鸣，是功能因素或情感因素的相通。

他们之所以有感染力是因为他们懂得大部分人所关心的东西，他们能细心地观察每个人的利益、态度与感受。如果你是一个公司老总，你能不能通过一次讲话来鼓舞人心？有的人就很擅长这样做。他们在讲话中除了关于公司的现状问题外，往往还要谈到员工与公司的关系，员工对公司具有的价值，员工将从公司的增长中获得的收益。这样，他往往是通过功能性的诉求，通过讲话、神态与表现力来使员工们感动。

一个人的正义感、同情心往往是感染力之源。在日常生活中，一个人的感染力更多是来自于情感方面。所以，一个具有感染力的人，也是一个具有道德影响力的人，一个正直善良的人，一个对他人的痛苦有发自内心的同情的人。

“性格塑造人”，同样也是性格塑造成功。热忱、亲切、随和、谦恭、温和、宽容、感染力这些优秀的品质构成了你令人愉悦的个性，从而有助于你获得成功。

## 活在希望中

亚历山大给希腊世界和东方、远东的世界带来了文化的融合，开辟了一直影响到现在的丝绸之路，可以说他创造了一个富饶的世界。当决定征讨波斯之后，他将自己的生死置之度外。在出发之前，为了斩断一般将士都必然怀有的儿女私情，轻松出发，他决定将几乎所有的财产都分给了大臣。

一位大臣问亚历山大："尊敬的陛下，你把所有的财产都分给了我们，那你要带什么启程啊？""我只要带上一件东西就足够了，那就是希望。"这位大臣听了亚历山大的话，激动地说："那么请允许我们分享这件宝物吧。"

大臣们拒绝了亚历山大帝所分给他们的财产，决定追随他血战到底，迎接胜利。这支如同钢铁一样团结的队伍，在亚历山大帝的带领下攻无不克。

人生就像是一次征途，我们为了自己的目标出发，别忘了也带上自己的希望。人生不能没有希望，所有的人都应该生活在希望中，如果生活在无望之中，那么他注定只能是个失败者。我们总会遇到失败和障碍，有的人于是悲观失望，消沉下去。在严酷的实现面前，甚至失掉了活下去的勇气，或怨恨别人，整个人变得唉声叹气，牢骚满腹。

马丁·路德金说："如果一个人是清洁工，那么他就应该像米开朗基罗绘画、贝多芬谱曲、莎士比亚写诗那样，以同样的心情来清扫街道。他的工作如此出色，以至于天空和大地的居民都会对他注目赞美：瞧，这儿有一会伟大的清洁工，他的活儿干得真是无与伦比！"

应该说，我是一位职业的演讲家,由于我出生于福建，所以每当我讲到动情之处，我都会提到这样一个故事：

40多年前，福建的一个乡村里住着兄弟俩人。由于他们难以承受当时的穷困和艰辛，经过他们不断地思考，他们决定背井离乡到海外去谋一条生路。大哥运气好一点，就像被贩卖的奴隶那样到了比较富庶的旧金山，而弟弟却到了菲律宾。20世纪60年代的菲律宾，当时比俩兄弟生存的中国更穷困。

历史很快地翻阅到了21世纪，两兄弟终于在分离40多年后见面了。此时的两兄弟，已经是今非昔比。哥哥是旧金山的侨领，拥有两间餐馆，两间洗衣店和一间杂货店，子孙满堂，有些子孙承继了他的衣钵，有些成为杰出的工程师或电脑专门人才等科技专业能人。

弟弟的情况比哥哥好得多，成了一位享誉世界的银行家，拥有东南亚相当分量的山林、橡胶园和银行。

他们都成功了，但是，当他们在谈起各自成功的经验时，哥哥说："旧金山是充满了白人的社会，自己也没有什么本事，只好凭自己的双手给别人做饭、洗衣服……白人不肯做的事情，华人就统统顶上，就像现在的乡下人到北京、上海、广州、深圳等大城市打工一样，使用全是大脑以外的部分。生活是没有大问题的，但成就事业的愿望就不敢奢望了。我们的社会地位比较低下，就像闻一多的《洗衣歌》说的那样。儿子、孙子都读了不少书，但是都不敢想成就大事业，只好安安分分地去做一些技术性事情。说实在话，我就从来没有想过进入上层的白人社会。我一直认为，那样的想法是不切合实际的。”

弟弟却说：“世界上没有完全幸运的事情。刚到菲律宾的时候，我干的都是一些低贱的事情。过了一些时间，我发现当地人都比较愚蠢且懒惰，于是就干那些他们不愿意干的事情，我就这样慢慢地不断收购和扩张，生活也就逐渐做大了。我没有什么成套的成功理念，但是我一直是这样想的，别人可以办到的事情，我凭什么不去做。就是在这样的心态下，我一直认真地对待每一件事，我才干到了今天这个样子……”

这两兄弟的真实故事，也就是很多海外华人奋斗的历史。基于这个原因，每当我到全国各地举行演讲与座谈会时,我都会把这个故事讲出来让听众一起分享。

似乎每一个人,不论他从事的是服务业还是制造业,不论是在高科技产业还是在医疗行业,都喜欢听我所讲的这两兄弟的故事。听众似乎都对这个故事着了迷,同时也受到他们的激励与启发。

为什么会这样呢？因为是弟弟的认真对待每一件事的精神感染了他们。当然，在我们的身边也不缺少这样的人。我有一个朋友叫张其金，虽然他的事业处于刚刚起步的阶段，但他也是一个认真对待每一件事的人。记得我第一次与他认识时，他就这样对我说道：“我的名字是张其金，也是一个具有成功欲望的人，在我的人生历程中，我一直认为人生就是不断追求和实现自我价值的过程。对于现代人来说，最重要的活动就是工作，工作中就蕴含着精彩的人生，只要我们在此过程中认真对待每一件事，那么，我们都应该是杰出和优秀的。”

张其金身材不算高大，但他的言谈总是给人一种伟岸。由于他有时还会使满脸长满胡须，给人的感觉是相貌很普通而不修边幅。尽管张其金外貌没有任何出奇之处,他的真诚和热情通过自我介绍溢于言表。

说实在的，在我的演讲生涯中，我还从来没有见过我的听众像张其金这样做过自我介绍。但正是因为张其金的这种介绍，才让我深深地感到生活就是一种付出和努力，就是认真对待每一件事，就是充分地展示自己的才能和特长，让自己成为一个杰出和优秀的人物。

后来，当张其金意识到我是一个职业演说家的时候，他把我拉到一边对我说道：“美国的石油大王约翰·洛克菲勒曾说过：‘……除了工作，没有哪项活动能提供如此高度的充实自我、表达自我的机会，也没有哪项活动能提供如此强的个人使命和一种活着的理由。工作的质量往往决定生活的质量。’”从这个意识上来说，也就是在强调我们要在工作中认识到认真对待每一件事的重要性。

就这样，在我日后的多次演讲中，我都会强调每个人都要认真对待每一件事。有一次，有一个灰心丧气、一直得不到老板赏识的员工写信给我说，自从听了我的演讲，他开始在工作中认真对待每一件事，他已经获得了老板奖励，并得到了升迁。为此，他这样写道：“黄老师，听完你的演讲之后，是你故事中的主人公为我树立了榜样并鼓励了我，从而使我‘坚持不懈’地认真对待生活中的每一件事。正因为我有了这样的心态，我已经能够做自己心里认为正确的事，而不计较是否能得到承认和回报。”

还有一次，在我演讲之后,一位听讲的经理把我拉到一边对我说：“我现在才认识到,原来一直以来自己事业的理想就是做一个成功人士。我们应该相信,在任何一个行业和领域里,每个人的奋斗目标都应该是杰出和优秀的。”

事实如此，只要我们能够认真对待每一件事，我们就会明白一个活着的意义是什么？人工作的职责是什么？只有一个人在生活中，在工作中认真对待每一件事，我们才可以这样说，人的生命的价值寓于工作之中，每个人都应为自己的幸福、为实现自我价值而努力工作。

只有心中怀有希望，身处逆境中而不丢弃自己希望的人，胜利之神肯定会为他铺一条活路。这时，充满希望的勇士才可以体会到人生真正的快乐。

一位大学毕业以后就开始创业的同学，在回忆起自己的人生道路的时候，几乎都是在失败之中不断尝试。他创办网络公司，一年时间下来结果负债累累。开过广告公司一样是入不敷出。借钱开的户外用品店结果只能勉强糊口，但是他坚持走了下来。因为当时很少有人了解和参与户外自助旅游，所以几乎连温饱都不能保证。

他想出了很多办法，去各个学校摆摊，组织户外运动。经过自己的努力，店的生意慢慢好了起来。他不但还清了原先的债务，并成功地建立了自己的公司。

生命有无数可能，放弃了希望就是放弃了生命。

## 走出模仿的壁垒

美国作曲家柏林与格希文第一次会面时，已声誉卓著，而格希文却只是个默默无名的年轻作曲家。

柏林很欣赏格希文的才华，并且以格希文所能赚的3倍薪水请他做音乐秘书，同时劝告格希文："不要接受这份工作，如果你接受了，最多只能成为欧文·柏林第二。要是你能坚持下去，有一天，你会成为第一流的格希文。"

美国乡村乐歌手吉瑞·奥特利未成名前一直想改掉自己的得克萨斯州口音，打扮得也像个城市人，他还对外宣称自己是纽约人，结果只招致别人背后的讪笑。后来他开始重拾三弦琴，演唱乡村歌曲，才奠定了他在影片及广播中最受欢迎的牛仔地位。既然所有的艺术都是一种自我的体现，那么，我们只能唱自己、画自己、做自己，不管好坏；我们只要好好经营自己的小花园，也不论好坏；我们也只要在生命的管弦乐中演奏好自己的一件乐器。

爱默生在他的短文《自我信赖》中说过：一个人总有一天会明白，嫉妒是无用的，而模仿他人无异于自杀。因为不论好坏，人只有自己才能帮助自己，只有耕种自己的田地，才能收获自家的玉米，上天赋予你的能力是独一无二的，只有当你自己努力尝试和运用时，才知道这份能力到底是什么。我们最大的局限在于我们的短视，而我们的短视在于无法发现自己的优点。威廉·詹姆斯这样认为："跟我们应该做到的相比较，我们等于只做了一半。我们对于身心两方面的能力，只用了很小一部分，一般人大约只发展了10%的潜在能力。一个人等于只活在他体内有限空间中的一部分。他具有各种能力，却不知道怎样利用。"

那么，一般人是怎样做的呢？他习惯用与别人对比来发现自己的优缺点，这固然是一种好方法，但往往受主观意识影响太大。他会很快发现，自己在某方面与别人差距甚大，因此他会非常羡慕那个人。羡慕会导致无知的模仿，导致无谓的妒忌，或者受到激励般地向更高境界攀升，但最后一种情况毕竟所占比例甚小，而前面两种情况都容易导致自信心的丧失以及由此引发的忧郁。如果我们一味地模仿他人，只会失掉我们身上原本独具的特色。

古时有邯郸学步的故事，也有东施效颦的典故，但最后都是以失败为结局。其实，我们自身就有无穷的宝藏，何不快乐地保持自己的本色呢？所有的美丽均来自于我们身上的特有气质，而非效仿得来的。试想，如果天下的男女都是一样的气质，毫无特点，那么整个世界就会变得黯淡无光。每个人的能力都是有限的，就像人类有其体能的极限一样。如果想把别人的优点都集于一身，那是最荒谬、最愚蠢的想法。我们没有必要去模仿别人，只要能够做好我们自己，便是对自己尽到了最大的责任。

## 坚持自我，把握梦想

蒙提·罗伯兹在圣思多罗有座牧马场。这个人常借用他宽敞的住宅举办募款活动,以便为帮助青少年的计划筹备基金。

上次活动时,他在致词中提到:我让杰克借用住宅是有原因的。这故事跟一个小男孩有关,他的父亲是位马术师,他从小就必须跟着父亲东奔西跑,一个马厩接着一个马厩,一个农场接着一个农场地去训练马匹。由于经常四处奔波,男孩的求学过程并不顺利。初中时,有次老师叫全班同学写报告,题目是《长大后的志愿》。

那晚他用心地写了7张纸,描述他的伟大志愿,那就是想拥有一座属于自己的牧马农场,并且仔细画了一张200亩农场的设计图,上面标有马厩、跑道等的位置,然后在这一大片农场中央,还要建造一栋占地4000平方英尺的巨宅。

他花了好大心血把报告完成,第二天交给了老师。两天后他拿回了报告,第一页上打了一个又红又大的F,旁边还写了一行字:下课后来见我。

脑中充满幻想的他下课后带着报告去找老师:“为什么给我不及格?”

老师回答道:“你年纪轻轻,不要老做白日梦。你没钱,没家庭背景,什么都没有。盖座农场可是个花钱的大工程:你要花钱买地、花钱买纯种马匹、花钱照顾它们。你别太好高骛远了。”老师接着又说:“你如果肯重写一个比较不离谱的志愿,我会重打你的分数。”

这男孩回家后反复思量了好几次,然后征询父亲的意见。父亲只是告诉他:儿子,这是非常重要的决定,你必须拿定主意。”

再三考虑好几天后,他决定原稿交回,一个字都不改。他告诉老师:“即使拿个大红字,我也不愿放弃梦想。”

蒙提此时向众人表示:“我提起这故事,是因为各位现在就坐在200亩农场内,坐在占地4000平方英尺的豪华住宅中。那份初中时写的报告我至今还留着。”他顿了一下又说:“有意思的是,两年前的夏天,那位老师带了30个学生来我的农场露营一星期。离开之前,他对我说:‘说来有些惭愧。你读初中时,我曾泼过你的冷水。这些年来,我也对不少学生说过相同的话。幸亏你有这个毅力坚持自己的梦想。’”

# 第三章
# 选择自己的人生

人生就是一连串的选择过程，每个人的前途与命运，完全掌握在自己手中。

## 选择什么样的人生

最伟大的宗教领袖之一，东部某大教派的首脑曾说："如果世界上其他人都不快乐的话，我又怎么能快乐？"这是一个很好的问题。这位领袖是个有智慧的人，他提出了一个很有意思的问题。然而，如果我们看到没有人活得快乐就得出结论说生活本来就不是让人快乐的话，当我们度过一段短暂的快乐时光的时候，我们就会不可避免地得出结论，这样的快乐时光本来就不可能长久。但是，为什么不会呢？如果那位伟大的宗教领袖没说上面那段话，而是说："看看我……看看我生活得多么快乐……如果你们按照我的教导去做的话……你们也会像我一样快乐。"那么，他的千百万追随者们就会觉得快乐是件很自然的事情，而且，至少世界上的这一大教派会拥有千百万人的生活。

我们许许多多的新发明，以前从来没有人想到过这些东西。同样地，在弗洛伦斯·斯科沃·辛站出来说"没有任何东西会因为其美好而不能长久"之前，人们都觉得幸福不可能长久，因为几乎没有人能证明这一点，这位伟大的宗教领袖有选择的力量。他选择了相信因为世界上其他人都不快乐他也不可能快乐。有什么东西阻止他选择为他的追随者们树立一个生活幸福的榜样吗？没有，除了他自己的选择。

对个人来说极为普遍的情形，对整个国家来说也是普遍存在的。

有许多人都还记得国家经济顺利发展的那段时间。那时候，几乎所有的人都有工作，失业率非常低。人们在买新车；股票价格很高；房地产价格也很高；似乎每个人都在赚钱。那段时间好像大多数人都极为走运。在一段短暂的时间内，世界仿佛处在了有始以来的鼎盛时期。但是，有许多人，包括穷人、富人、弱者、强者，从社会最低层到社会最高层，他们都开始深入到每个人的头脑中去，事情开始起了变化。他们变得谨慎起来，股票开始下跌，银行开始关门，到处都是黑暗与绝望，再看不到其他东西。一个昨天还繁荣昌盛的国家倾刻间被推进了萧条的低谷，这一切只是因为所有的人，无论富人还是穷人，都觉得如此美好的时光是不会长久的。

如果这些难以计数的民众，这些认为美好的时光不会长久的民众，运用了他们最伟大的力量，并且选择相信没有任何东西因为其美好而不能长久的话，情况又会怎样呢？他们就会有办法让美好永远顺利地发展下去。正像有一人曾经说过的：“这的确是一个伟大的国家。”当整个国家似乎处在一种停滞不前的状态下没有任何发展的时候，汽车来了。它使每个人都忙碌起来，不断前进。当每个人都被卷入汽车的浪潮中似乎一切都停滞不前的时候，飞机使生产从萧条状态中得到恢复。然后当飞机似乎满足了生产需求的时候，无线电将生产从萧条状态中拯救出来……无线电之后又来了电视机。这个人选择了相信没有任何东西会因为其美好而不能长久。美好的事情可以发生，就像糟糕的事情可以发生一样容易。我们必须运用这种力量进行正确的选择，否则，它会使生活与我们的愿望背道而驰。

我们来看一看屈原对自己的人生是作何选择的。

屈原固然是伟大的爱国主义者，杰出的浪漫主义诗人。但是，悲剧的产生常常是多种因素共同作用的结果，甚至很多偶然的事件都逃脱不了那些深层次上的必然征候。

屈原之死，除了政治斗争的险恶、统治集团内部的排挤，他那与现实不相融合的性格，也是不容忽视的。

1. 家世的优越感让他孤傲不群。

他的《离骚》是愁苦幽思中的含愤之作，即使是这样一种心态，他也不忘对自己出身及家世的优越感的张扬。《离骚》一开头，他就告诉人们：

我是天帝高阳的后裔，我的太祖叫熊伯庸；太岁在寅那年的正月，庚寅那天我从天降临。

太祖观察我初降的姿态，通过卦兆赐给我美名。给我取名叫做正则，给我表字叫做灵均。

我既有众多内在的美好品质，又加上有外在的美好姿态。

我们不想用“炫耀”来界定这位伟大的爱国战士，但不可否定，他的这种十足的优越感正在左右着他的心态，让他在心灵的孤独中孤芳自赏。正如在汨罗江畔他对渔夫所言：“举世混浊而我独清，众人皆醉而我独醒。”

在今天看来，这老先生已酸得不能再酸。

2. 不会放下便让心灵苦不堪言

被放逐以后，其实屈原面临着两种选择，一是放旷神游，寄情山水，以处江湖之远勿忘其君的坦诚和忠贞暂做宦海游人，以养精蓄锐，以待来年。二是忧思愤懑，茕茕孑立，留连幻想，耿耿于怀。

他恰恰选择了后者。

司马迁《史记》其列传中写道："虽放流，眷顾楚国，心系怀王，不忘欲返，冀幸君之一悟，俗之未改也。"已经被放逐，远离了权力和决策的中心，他还抱有深深的幻想，希望怀王能幡然醒悟，一改俗念。

然而，他失望了，他枉然了，因为"怀王之终不悟也，故无可奈何，亦不可以返。"

于是，他只好行吟泽畔，形影相吊。

3. 天性脆弱让他无法承受命运之重。

政治上遭遇嫉妒、排挤，古今绝非屈原一人，即便是当时，仕途受挫、壮志难酬的有识之士也举不胜举。孙膑刖足，左丘失明。也许是诗人特有的气质无法忍受心灵的震颤，他必须要呼啸呻吟，铁血呐喊。司马迁说他是"劳苦倦极"，"疾痛惨怛"。屈原自己的解释是"人又谁能以身之察察，受物之汶汶者乎！宁赴常流而葬乎江鱼腹中耳，又安能以皓皓之白而蒙世俗之温蠖乎"！意思是说世上的人谁能让洁净的身体去蒙受外界的玷辱？那样，宁愿跳入湘江，葬身鱼腹，也不能让洁白的身体，蒙受世俗的尘垢！

于是，他真就一跳了之，以身家性命为代价，实现了人格的自我救赎，值吗？

这就是选择的力量。如果我们具备了连生命都不顾的地步，还有什么可怕的呢？尤其是我们面对现在这个现代发展的产物时，我们已经看到，它不断向前发展，开始逐渐掌握改造自然的力量，通过人工的改造，生活将变得更舒适、完美。

## 选择正确的人生路

在人生的旅途上，你必须作出这样的抉择：你是任凭别人摆布还是坚定自强，是总要别人推着你走，还是驾驭自己的命运，控制自己的情感。不少人的生活就像秋风卷起的落叶，漫无目标地漂荡，最后停在某处，干枯、腐烂。为了促进个人的成长，达到个人的幸福，你必须学会驾驭生活。

例如，在现实生活中，你就必须选择自己的朋友。

选择共事的人是重要的。朋友的选择也是很重要的，特别是在你日后能取得什么样的成就和你将来会拥有什么样的选择机会这两方面，朋友的影响尤为重要。

对孩子的交友，父母总是很关心，甚至孩子感到这种关心是不是有点过分了。但是，你的父母现在懂得，你自己以后也会知道：我们相处密切的人对我们生活的影响比什么都大。

关于这一点，理由很多，但是最重要的一条是，我们总是以其他的人做榜样的，并以他们的言行作为我们行动的指导，而亲密的朋友其榜样作用又是最强有力的。

因此，你要考察一下你的四周，你将来的生活方式与你朋友现在的生活方式很可能是相似的。原因之一是，你自觉、不自觉地模仿你朋友的生活方式。如果你的朋友太年轻，谈不上什么一定的生活方式，那么，就注意一下你朋友的父母吧，他们预示着你几年后的生活方式。这种预示当然远非正确的；但是，它是你现在可能效法的生活方式中最有可能性的一种。

无论你在以后的几年中选择什么团体为伍，你的倾向、举止和观点将变得越来越像团体中的人(他们也变得越来越像你)。例如，一个艺术专业的学生搬进一间宿舍，这间宿舍住的是学别的专业的学生，譬如说学的是自然科学，而且他们在宿舍中占主导地位。这样，那个学艺术专业的学生就会倾向于自然科学，甚至改变原有的专业去学自然科学。假如他长期生活在这间宿舍里，他对自然科学的情感就会超过那些只跟本艺术专业交往的人。久而久之，少数派变得像多数派了。这变化并不必然是普遍的、确定的，但是一般的倾向是如此，并且包你也会遇到。好些年后，你将变得越来越像你的大多数朋友了，而他们也变得更像你了。

另外一个重要的含意是：你要相当审慎地选择好你的朋友。因为这对你的行为有很大的影响，通过与那些你希望效法的人密切接触，你会朝着你自己满意的方向变化。

相反地，你交往的人是些有问题的人，你可能会发现你自己也变成有问题的人了。假如你的朋友是一群失败者，假如他们总是违法乱纪，假如他们胖得不成样子，假如他们是穷光蛋，假如他们经常酗酒，大量吸烟，严重吸毒，假如他们在学校总是闹事，假如他们每天浪费时间看电视，假如他们试图粗鲁地解决他们的大部分问题，那么，你有可能滑到同样的坏习惯之中去。交这类朋友，你只会染上众多恶习，而不可能得到什么好处。

幸运的是，事情总有好的一面，假如你的朋友是有才能的人，假如他们学习成绩很好，假如他们体贴别人，假如他们身体很棒且体形健美，假如他们适可而止地饮酒、抽烟及服药，假如他们是幸福的，假如他们积极地参与诸如唱歌、跳舞、体操、美化环境、科学竞赛等活动，培养有益的爱好，或者工作干得很不错，那么，你也很可能积极地参加这些活动。

尽管这些意见是针对学生而提出来的，但这些因素在你整个一生都发挥作用。不管你是17岁，还是37岁、67岁，朋友都会对你的生活有很大的影响，特别是对你人生态度和观点影响很大。

另外，你应该懂得交朋友。最会交朋友的人常常最不需要他的朋友帮助。假如你把战友当拐杖，假如你经常依靠别人，不能自立，假如你从友谊中获得的东西多于你给予友谊的，大家就不会欢迎你参加他们的圈子。令人遗憾的是：那些只是拼命从朋友中获得东西的人朋友最少，这正如其他领域中的事情一样。

你必须自己选择服装，自己选择朋友，自己选择工作。

有的选择严峻地出现在何去何从、前途未卜的十字路口上，这是人生决定性的时刻。决定性的选择需要果断和勇气。这果断和勇气，有猜测和赌博的成分，但更多的是知识和智慧的判断。人人都会面临各种各样的危机，如信仰危机、事业危机、感情危机，等等。

在危急当中，正确的选择和变动，会使我们积累起一种新的力量，重新面对世界。

对于一个人来说，我们有什么样的选择，就会有什么样的人生。

一位得知自己将不久于人世的老先生，在日记簿上记下了这样一段文字："如果我可以从头活一次，我要尝试更多的错误，我不会再事事追求完美。"

"我情愿多休息，随遇而安，处事糊涂一点，不对将要发生的事处心积虑地计算着。其实人世间有什么事情需要斤斤计较呢？"

"可以的话，我会多去旅行，跋山涉水，再危险的地方也要去一去。以前不敢吃冰淇淋，是怕健康有问题，此刻我是多么的后悔。过去的日子，我实在活得太小心，每一分每一秒都不容有失，太过清醒明白，太过合情合理。"

"如果一切可以重新开始，我会什么也不准备就上街，甚至连纸巾也不带一块，我会放纵地享受每一分、每一秒。如果可以重来，我会赤足走出户外，甚至彻夜不眠，用这个身体好好地感觉世界的美丽与和谐。还有，我会去游乐场多玩几圈木马，多看几次日出，和公园里的小朋友玩耍。"

"只要人生可以从头开始，但我知道，不可能了。"

美国诗人惠特曼说："人生的目的除了去享受人生外，还有什么呢？"林语堂说过:"我总以为生活的目的即是生活的真享受……是一种人生的自然态度。"

生活本是丰富多彩的，除了工作、学习、赚钱、求名，还有许许多多美好的东西值得我们去享受：可口的饭菜、温馨的家庭生活、蓝天白云、花红草绿、飞溅的瀑布、浩瀚的大海、雪山与草原等等大自然的形形色色。此外还有诗歌、音乐、沉思、友情、谈天、读书、体育运动、喜庆的节日……甚至工作和学习本身也可以成为享受，如果我们不是太急功近利，不是单单为着一己利益，我们的辛苦劳作也会变成一种乐趣。

让我们把眼光从“图功名”、“治生产”上稍稍挪开，去关注一下上帝给予我们生命、生活中的这些美好。努力地工作和学习，创造财富，发展经济，这当然是正经的事。享受生活，必须有一定的物质基础。只有衣食无忧，才能谈得上文化和艺术。饿着肚子，是无法去细细欣赏山灵水秀的，更莫说是寻觅诗意。所以，人类要努力劳作，但劳作本身不是人生的目的，人生的目的是“生活得写意”。一方面勤奋工作，一方面使生活充满乐趣，这才是和谐的人生。我们说享受生活，不是说要去花天酒地，也不是要去过懒汉的生活，吃了睡，睡了吃。这不是享受生活，而是糟蹋生活。

享受生活，是要努力去丰富生活的内容，努力去提升生活的质量。愉快地工作，也愉快地休闲。散步、登山、滑雪、垂钓，或是坐在草地或海滩上晒太阳。在做这一切时，使杂务中断，使烦忧消散，使灵性回归，使生命重现。用乔治·吉辛的话说，是过一种“灵魂修养的生活”。我们会工作、会学习，但如果不会真正享受生活，这对于我们来说，是人生的一大遗憾。学会享受生活吧，真正去领会生活的诗意、生活的无穷乐趣，这样我们工作起来，学习起来，也就会感到更有意义。

在每个人的身上，都有一种十分强大的力量潜藏于体内，如果你无法发现它，它就永远处于冬眠状态，使你在人生的路途中无法体现自身的创造力，更无法实现你的人生追求与梦想。虽然选择的权利在你的手中，但许许多多的人并没有使用这个权利。也许这就是成千上万的人，活得碌碌无为的最直接的原因。

拿破仑选择了当时法国革命最能展示才干的军事指挥，才使他由一个科西嘉小个子成为一代伟大的统帅。比尔·盖茨因为选择了开辟个人电脑时代，才使这个仅上过一年哈佛的准大学生成为世界首富。

有一个故事讲的是，有三个人要被关进监狱三年，监狱长让他们对自己的监狱生活做出一个选择。

美国人爱抽雪茄，要了三箱雪茄。

法国人最浪漫，要一个美丽的女子相伴。

而犹太人说，他要一部与外界沟通的电话。

三年过后，第一个冲出来的是美国人，嘴里鼻孔里塞满了雪茄，大喊道："给我火，给我火！"

原来他忘了要火了。

接着出来的是法国人。只见他手里抱着一个小孩子，美丽女子手里牵着一个小孩子，肚子里还怀着第三个。

最后出来的是犹太人，他紧紧握住监狱长的手说："这三年来我每天与外界联系，我的生意不但没有停顿，反而增长了200%，为了表示感谢，我送你一辆劳施莱斯！"

这个故事告诉我们，什么样的选择决定什么样的生活。今天的生活是由三年前我们的选择决定的，而今天我们的抉择将决定我们三年后的生活。我们要选择接触最新的信息，了解最新的趋势，从而更好的创造自己的将来。

巴斯特纳说得好："人乃为活而生，非为生而生。"这就是告诫我们，在人生的道路上，我们要明白，在我们走向人生目标的每一步中，我们都在作出一连串的选择。诚如毕亨利所说的："上帝并没有问我们要不要来到人世间，我们只能接受而无从选择。我们唯一可做的选择是：决定如何活着。”同样地，人生中发生的许多事情，通常并不是成功与否的关键，重要的则在于我们选择怎么看，选择怎么想，选择怎么做才是最重要的。我有一位非常睿智的朋友，他在他的生活履历中总是在实践着这样的话：“我只有选择快乐，我才能看到别人的快乐，如果我都不快乐，他人能从我身上感到快乐吗？”在他看来，有什么东西阻止他选择为他的追随者们树立一个生活幸福的榜样吗？没有，除了他自己的选择。

人们常常会找一堆借口来解释自己为何放弃选择的权利，他们认为自己这样做通常是因为自己的家庭出身，教育背景决定了自己的人生方向。事实上，他们这样想就大错特错了。不说现代，就说在老子时代吧，老子就曾教我们重视做人的权利，他强调：“道大，天大，地大，人亦大，域中有四大，而人居其一焉。”

可以这么认为，万物之灵的“灵”及天赋人权的“权”，都是指人类有别于其他生物的这种可以自由选择的莫大潜能。

由此可见，我们并不是依靠任何机遇而活着，而是依靠我们的选择来活着，我们有什么样的选择，就会有什么样的生活。这正如潜能大师安东尼·罗宾所说：“人生就注定于你做决定的那一刻。”

几年前，有一位从农村来的女孩，她是一个非常朴实无华的女孩，她对工作兢兢业业，认认真真，尽职尽责。但是，在工作之余，她并没有像现代的都市时尚女性一样，整天去追求一些花花绿绿的东西，而是选择了学习。

有一次，当我与她交谈起来时，她对我说：“自己的道路必须自己来走，我可以选择一条安稳的工作之路，但我认为这样的人生我不需要，我选择的是学习，因为我想上大学。尽管就目前情况来说，我还没有这些资格，但是，我相信，通过我的努力，我一定能够实现。”

后来，这位女孩离开了我的公司，两年后，我到北京出差，她突然给我打了个电话，在电话里她告诉我，她通过自学考试，拿到专科文凭，然后又进行了专升本考试，现在已经是某名牌大学的学生了。

那么，这个人为什么会成功呢？正是她作出了一个正确的选择，从而赢得了自己的人生。从某种意义上也可以这样说，这个人选择了相信没有任何东西会因为其美好而不能长久。美好的事情可以发生，就像糟糕的事情可以发生一样容易。我们必须运用这种力量进行正确的选择，否则，它会使生活与我们的愿望背道而驰。

## 选择做人生的主角

人生苦难重重。

这是个伟大的真理，是世界上最伟大的真理之一。它的伟大，在于我们一旦想通了它，就能实现人生的超越。只要我们知道人生是艰难的——只要我们真正理解并接受这一点，那么我们就再也不会对人生的苦难耿耿于怀了。

然而，大部分人却不愿正视它。在他们看来，似乎人生本该既舒适又顺利。他们不是怨天尤人，就是抱怨自己生而不幸，他们总是哀叹无数麻烦、压力、困难与其为伴，他们认为自己是世界上最不幸的人，命运偏偏让他们自己、他们的家人、他们的部落、他们的社会阶级、他们的国家和民族乃至他们的人种吃苦受罪，而别的人却安然无恙，活得自由而又幸福———我熟悉类似的抱怨和诅咒，因为我也曾有过同样的感受。

例如，我们的父母其实是我们自己选择的。在生命无尽的旅程当中，我们来到这个星球，选择做人，选择自己的性别、肤色、国籍，然后我们选择了各自的父母。

即使一切并不如意，但这些已经不可改变。能有好的父母，固然可以给我们作为模范；就算他们多有不是，那也是给我们提供了学习改善的机会。父母给予了我们生命才有我们，我们要懂得感恩。至于父母的不是，我们认识到了，就不要重复它；如果再犯，便是自己错，不是父母错了——因为他们已经以他们的错误示范给你看了，也就等于教育了你。

我们拜访这个星球，就像来到一所学校。如果你想当一名美容师，就去一所美容学校。如果你想当一名机械师，就去一所机械学校。如果你想当律师，就去一所律师学校。你选择的父母身上正好具备了你想要学习和超越的东西。

当我们长大以后，我们总在指责我们的父母：“这全都怪你们！”不过，不要忘记是我们自己选择了他们。

人生是一连串的难题，面对它，你是哭哭啼啼，还是勇敢奋起？你是束手无策地哀叹，还是积极地想方设法解决问题，并慷慨地将方法传给后人呢？

解决人生问题的首要方案，乃是自律，缺少了这一环，你不可能解决任何麻烦和困难。局部的自律只能解决局部的问题，完整的自律才能解决所有的问题。

生活中遇到问题，这本身就是一种痛苦，解决它们，就会带来新的痛苦。各种问题结队而来，使我们疲于奔命，不断经受沮丧、悲哀、难过、寂寞、内疚、懊丧、恼怒、恐惧、焦虑、痛苦和绝望的打击，从而不知道自由和舒适为何物。心灵之痛，通常和肉体之痛一样剧烈，甚至更加难以承受。正是由于人生的矛盾和冲突带来的痛苦如此强烈，我们才把它们称为问题；正是因为各种问题接踵而来，我们才觉得人生苦难重重，悲喜参半。

人生是一个面对问题并解决问题的过程。问题能启发我们的智慧，激发我们的勇气；问题是我们成功与失败的分水岭。为解决问题而付出努力，能使思想和心智不断成熟。学校为孩子们设计各种问题，促使他们动脑筋、想办法，恐怕也是基于这样的考虑。我们的心灵渴望成长，渴望迎接成功而不是遭受失败，所以它会释放出最大的潜力，尽可能将所有问题解决。面对问题和解决问题的痛苦，能让我们得到最好的学习。美国开国先哲本杰明·富兰克林说过：“惟有痛苦才会带来教益。”面对问题，聪明者不因害怕痛苦而选择逃避，而是迎上前去，直至将其战胜为止。

遗憾的是，大多数人似乎不是聪明者。在某种程度上，人人都害怕承受痛苦，遇到问题就慌不择路，望风而逃。有的人不断拖延时间，等待问题自行消失；有的人对问题视而不见，或尽量忘记它们的存在；有的人与麻醉药和毒品为伴，想把问题排除在意识之外，换得片刻解脱。我们总是规避问题，而不是与问题正面搏击；我们只想远离问题，却不想经受解决问题带来的痛苦。

规避问题和逃避痛苦的趋向，是人类心理疾病的根源。人人都有逃避问题的倾向，因此大多数人的心理健康都存在缺陷，真正的健康者寥寥无几。有的逃避问题者，宁可躲藏在头脑营造的虚幻世界里，甚至完全与现实脱节，这无异于作茧自缚。心理学大师荣格更是明确地指出：“神经官能症，是人生痛苦常见的替代品。”

替代品带来的痛苦，甚至比逃避的痛苦更为强烈，神经官能症由此成了更棘手的问题。不少人为逃避新的问题和痛苦，不断以神经官能症为替代品，导致患上各种心理疾病。所幸也有人能坦然面对神经官能症，及时寻求心理医生帮助，以正确的心态面对人生正常的痛苦。事实上，如果不顾一切地逃避问题和痛苦，就会由此失去以解决问题推动心灵成长的契机，导致心理疾病越来越严重，而长期的、慢性的心理疾病，就会使人的心灵停止生长。不及时治疗，心灵就会萎缩和退化，心智就永远难以成熟。

正确的做法是：我们要让我们自己，也要让我们的孩子认识到，人生的问题和痛苦具有非凡的价值。勇于承担责任，敢于面对困难，才能够使心灵变得健康。自律，是解决人生问题的首要工具，也是消除人生痛苦的重要手段。通过自律，我们就知道在面对问题时，如何以坚毅、果敢的态度，从学习与成长中获得益处。我们教育自己和孩子自律，也是在教育我们双方如何忍受痛苦，获得成长。

自律究竟包括哪些技巧呢？如何通过自律，消除人生的痛苦呢？简单地说，所谓自律，是以积极而主动的态度，去解决人生痛苦的重要原则，主要包括四个方面：推迟满足感、承担责任、尊重事实、保持平衡。它们并不复杂，不过要想正确地运用它们，你需要细心体会，广泛实践。它们其实相当简单，即便是十岁的小孩，也能够最终掌握。不过有时候，即使贵为一国之君，也会因忽略和漠视它们而遭到报复，自取灭亡。实践这些原则，关键在于你的态度，你要敢于面对痛苦而非逃避。对于时刻想着逃避痛苦的人，这些原则不会起到任何作用，他们也绝不会从自律中获益。

# 第四章 选择的智慧

选择是我们对于一个人生存状态的衡量标准，也是一个成熟的人、刚强的人、有责任心的人不同于其他人的显著标志。一个人做事、做人没有选择，是很难有出头之日的。选择是成功者的商标，是魅力放射的灯塔，是意志锻炼的熔炉。一根小小的鹅毛在轻轻的微风吹动就会随处飘扬，而一棵根深叶茂的大树在暴风骤雨的打击下仍然坚强屹立，这就是生存的选择。一个人的选择从哪里来，它不是天生就有的，而是在岁月中逐渐积累和形成的，正像岁月会对我们的人生留下磨痕一样，岁月也会对我们生存的选择产生深刻影响，从而重塑我们的人生。

## 选择适合自己的发展的旅程

谁甘愿度过平庸的一生？谁没有过美好的憧憬？人和植物、动物的区别，重要的一点恰恰在于人有自己的理想，有实现这一理想的冲动。理想使人具有百折不挠的精神力量。然而当人实现这一理想的冲动受挫，就会感到痛苦。如果统计一下，实现了自己的理想的人并不少，而有不成功例子的人才被常常引用，让人误以为理想太不容易实现。

美国前总统克林顿跟莱温斯基的那场“拉链门”风波也许仍在人们的记忆之中。我们可以想一想,当克林顿与莱温斯基的事情东窗事发时,克林顿若死不承认,也是一种选择。当着全世界人的面,堂堂的美国总统承认自己的丑事,这是多让人难为情的事情啊！但克林顿的聪明之处就在于,他采取了一种以退为进的策略,承认了自己的错误。

无独有偶,同样是美国总统,当年肯尼迪在竞选美国参议员的时候,他的竞选对手在最关键的时候轻易地抓到了他的一个把柄;肯尼迪在学生时代,曾因欺骗而被哈佛大学清退。这类事件在政治上的威力是巨大的,竞选对手只要充分利用这个证据,就可以使肯尼迪诚实、正直的形象蒙上一层阴影,使他的政治前途黯淡无光。一般人面对这类事情的反应不外是极力否认,澄清自己,但肯尼迪很爽快地承认了自己的确曾犯了一项很严重的错误,他说:“我对于自己曾经做过的事情感到很抱歉。我是错的。我没有什么可以辩驳的。”肯尼迪这么做,等于说“我已经放弃了所有的抵抗”,而对于一个已经放弃抵抗的人,你还要跟他没完没了吗?如果对手真的继续进攻了,显得对手没有一点风度。所以,我们应记住一个基本原则:一个人既然已经承认错误了,那么你就不能再去攻击他,再去跟他计较。

这是在被动的情况下采用的以退为进的策略。在主动的情况下,由于彻底解决某个问题的时机没有完全成熟,也可以采用这种策略。

清朝康熙皇帝继位时年龄很小,功臣鳌拜掌握朝中大权,并想谋取皇位。康熙十分清楚鳌拜的野心,但他觉得自己根基未稳,准备还不充分,于是索性不问政事,整天与一帮哥们儿“游戏”,以造成一种自己昏庸无能的假相。一次,康熙着便服同索额图一起去拜访鳌拜,鳌拜见皇帝突然来访,以为事情败露,伸手到炕上的被褥中摸出一把尖刀,被索额图一把抓住,直到这时,康熙仍装糊涂说:“这没什么,想我满人自古以来就有刀不离身的习惯,有何奇怪?”康熙此举让鳌拜对他彻底放松了戒备,最后康熙等时机成熟时一举将其擒获,可以说是放出长线,钓上了大鱼。

1863年冬天的一个上午,凡尔纳刚吃过早饭,正准备到邮局去,突然听到一阵敲门声。

凡尔纳开门一看,原来是一个邮政工人。工人把一包鼓囊囊的邮件递到了凡尔纳的手里。

一看到这样的邮件,凡尔纳就预感到不妙。自从他几个月前把他的第一部科幻小说《乘气球5周记》寄到各出版社后,收到这样的邮件已经是第14次了。他怀着忐忑不安的心情拆开一看,上面写道:“凡尔纳先生:尊稿经我们审读后,不拟刊用,特此奉还。某某出版社。”

每次看到退稿信，凡尔纳都是心里一阵绞痛。这已经是第15次了，还是未被采用。凡尔纳此时已深知，那些出版社的“老爷”们是如何看不起无名作者。他愤怒地发誓，从此再也不写了。他拿起手稿向壁炉走去，准备把这些稿子付之一炬。凡尔纳的妻子赶过来，一把抢过手稿紧紧抱在胸前。此时的凡尔纳余怒未息，说什么也要把稿子烧掉。他妻子急中生智，以满怀关切的口气安慰丈夫：“亲爱的，不要灰心，再试一次吧，也许这次能交上好运的。”

听了这句话以后，凡尔纳抢夺手稿的手，慢慢放下了。他沉默了好一会儿，然后接受了妻子的劝告，又抱起这一大包手稿到第16家出版社去碰运气。这一次没有落空，读完手稿后，这家出版社立即决定出版此书。并与凡尔纳签订了20年的出书合同。没有他妻子的疏导，没有为梦想持之以恒的勇气，我们也许根本无法读到凡尔纳笔下那些脍炙人口的科幻故事，人类就会失去一笔极其珍贵的精神财富。世界上的事情就是这样，成功需要坚持梦想。这种素质的人常常创造出人间奇迹。弗洛伊德、拿破仑、贝多芬、凡·高，还有《吉尼斯世界大全》一书中所记载的诸多人物，不能不承认，是所有这些大大小小的人物使我们这个世界变得有声有色。他们的性格中明显有着共同的一点，即执著。他们执著地将他们热爱的某项事业推向极致，什么也阻止不了他们——除了自身的死亡。

通向成功的路绝不止一条，不同的人可以选择不同的路，成功与否，往往不在于对道路的选择，而在于一旦选定了自己的路，便不再彷徨，而是坚定地走下去。所以，能否到达心中的目标，首先取决于对脚下道路的信任。

## 选择面前别固执

选择会产生某种震撼力，看过罗中立的《父亲》油画作品的人，可以从四川老农深深地皱纹中看到生活给人们带来的选择；看过军事战争题材的人能够从轰鸣和此起彼伏的爆炸声中感受到非自然的力量，从这个角度来说，选择是一种艺术感染力。

两个贫苦的猎人靠上山打猎为生。有一天他们在山里发现两大包棉花，两人喜出望外，山里猎物不好打，而将这两包棉花卖掉，足可让家人一个月衣食无虑。当下两人各自背了一包棉花，便赶路回家。

走着走着，其中一名猎人眼尖，看到山路有着一大捆布，走近细看，竟是上等的细麻布，足足有十多匹之多。他欣喜之余，和同伴商量，一同放下肩负的棉花，改背麻布回家。

他的同伴却有不同的想法，认为自己背着棉花已走了一大段路，到了这里又丢下棉花，岂不枉费自己先前的辛苦，坚持不愿换麻布。先前发现麻布的猎人屡劝同伴不听，只得自己竭尽所能地背起麻布，继续前行。

又走了一段路后，背麻布的猎人望见林中闪闪发光，待近前一看，地上竟然散落着数坛黄金，心想这下真的发财了，赶忙邀同伴放下肩头的麻布及棉花，背起黄金。

他的同伴仍是那套不愿丢下棉花以免枉费辛苦的想法，并且怀疑那些黄金不是真的，劝他不要白费力气，免得到头来空欢喜一场。

发现黄金的猎人只好自己背了两坛黄金，和背棉花的伙伴赶路回家。走到山下时，无缘无故下了一场大雨，两人在空旷处被淋了个透。更不幸的是，背棉花的猎人肩上的大包棉花，吸饱了雨水，重得完全背不动，不得已，他只能丢下一路辛苦舍不得放弃的棉花，空着手和挑金的同伴回家去。

面对机会的来临，人们常有许多不同的选择方式。有的人会单纯地接受，有的人抱持怀疑的态度，站在一旁观望；有的人则顽固得如同骡子一样，固执地不肯接受任何新的改变。而不同的选择，当然会导致迥异的结果。许多成功的契机，起初未必能让每个人都看得到深藏的潜力，但起初抉择的正确与否，往往就决定着成功与失败的分别。

在人生的每一个关键时刻，审慎地运用你的智慧，做最正确的判断，选择属于你的正确方向。同时别忘了随时检查自己选择的角度是否产生偏差，适时地加以调整，千万不能像背棉花的猎人一般，只凭一套哲学，便欲渡过人生所有的阶段。

大学毕业后，是继续深造，还是参加工作?你需要选择。是留在父母身边，还是去异地发展?你需要选择。是留在国内深造，还是出国求学?你无时不在选择中!

生命是有限的，你无法实现所有的梦想，无法满足所有的欲望。所以我们必须作出各种选择，将我们有限的生命充分地利用起来，将有限的精力集中投入到自己最美好的人生奋斗目标中。这样，即使你会失去很多——那也是不可避免的——但你已为自己的人生目标奋斗过，才不算枉来此生。

生活中，如果你想过得比别人好，你就必须学会选择。具备这样的品质，那就是你对人生目标选择的明确性，知道自己需要什么，并且迫切渴望达到这一目的。对目标游移不定，只会让你前功尽弃、一无所获。

成功既不是全盘接受，也不是全盘放弃，而是在情况发生变化时能够及时修正自己的目标和行动。放掉无谓的固执，冷静地用开放的心胸去做正确抉择。每次正确无误的选择将指引你永远走在通往成功的坦途上。

## 选择正确的道义

道义是抽象的，但它也有具体的选择体现。

道义的选择在于坚持原则，符合道德。做人有道，做事也有道。今做大事者，必须符合社会的基本道义，顺应时代基本潮流，这不仅是一个人的立身之本，而且是做事成功的关键。

不要以为自己了不起，不要认为自己现在有令人垂涎的待遇和足以自豪、炫耀的地位就可以目空一切，你的虚架子搭得越高，就可能摔得越重。

都柏公司是美国一家著名的制造企业，技术先进，实力雄厚，是业内的佼佼者。许多人毕业后到该公司求职遭拒绝，原因很简单，该公司的高技术人员爆满，不再需要各种高技术人才。但是令人垂涎的待遇和足以自豪、炫耀的地位仍然向那些有志的求职者闪烁着诱人的光环。

罗伯特和许多人的命运一样，在该公司每年一次的用人测试会上被拒绝申请，其实这时的用人测试会已经是徒有虚名了。罗伯特并没有死心，他发誓一定要进入都柏公司。于是他采取了一个特殊的策略——假装自己一无所长。他先找到公司人事部，提出为该公司无偿提供劳动力，请求公司分派给他工作，他将不计任何报酬来完成。公司起初觉得这简直不可思议，但考虑到不用任何花费，也用不着操心，于是便分派他去打扫车间里的废铁屑。

一年来，罗伯特勤勤恳恳地重复着这种简单却劳累的工作。为了糊口，下班后他还要去酒吧打工。这样虽然得到老板及工人们的好感，但是仍然没有一个人提到录用他的问题。

1990年初，公司的许多订单纷纷被退回，理由均是产品质量有问题，为此公司将蒙受巨大的损失。公司董事会为了挽救颓势，紧急召开会议商议解决，当会议进行了一大半却尚未见眉目时，罗伯特闯入会议室，提出要直接见总经理。

在会上，罗伯特把他对这一问题出现的原因作了令人信服的解释，并且就工程技术上的问题提出了自己的看法，随后拿出了自己对产品的改造设计图。这个设计非常先进，恰到好处地保留了原来机械的优点，同时克服了已出现的弊病。总经理及董事会的董事见到这个编外清洁工如此精明在行，便询问他的背景以及现状。罗伯特面对公司的最高决策者们，将自己的意图和盘托出，经董事会举手表决，罗伯特当即被聘为公司负责生产技术问题的副总经理。原来，罗伯特在做清扫工时，利用清扫工到处走动的特点，细心察看了整个公司各部门的生产情况，并一一作了详细记录，发现了所存在的技术性问题并想出解决的办法。为此，他花了近一年的时间搞设计，做了大量的统计数据，为最后一展雄姿奠定了基础。

## 给胆识一个选择

胆识是人的智慧的结晶，而它是通过选择的状态表现出来的。

胆识的选择在于果敢，坚定。做任何事情，都要做最大努力、做最坏打算，这是勇敢者的办事哲学。当人们遇到挫折的时候，许多人往往感到前途渺茫，甚至心灰意冷，放弃努力。而那些天生不幸的人，却能够通过努力成为成功的人，幸福的人，相比之下，我们这些身体健康的人，是不是更应拿出勇气和力量去成就一番大事呢？

确实，美好的获得需要有一种敢于选择的代价，正如老鹰的重生需要经历常人难以想像的蜕变过程一样，处在人生的十字路口，需要我们正确地选择，更需要我们具有为赢得新生活而敢于冒险、敢于经受磨炼的勇气和毅力。

老鹰是世界上寿命最长的鸟类，它的寿命可达70岁。但是如果想要活那么久，它就必须在40岁时作出困难却重要的抉择。

当老鹰活到40岁时，它的爪子开始老化，不能够牢牢地抓住猎物；它的喙变得又长又弯，几乎能碰到它的胸膛；它的翅膀也会变得十分沉重，因为它的羽毛长得又浓又厚，使它在飞翔的时候十分吃力。在这个时候，它只有两种选择：等死，或者经过一个十分痛苦的过程来蜕变和更新，以便继续活下去。这是一个漫长的过程：它需要经过150天的漫长锤炼，而且必须很努力地飞到山顶，在悬崖的顶端筑巢，然后停留在那里不能飞翔。首先，它要做的是用它的喙不断地击打岩石，直到旧喙完全脱落，然后经过一个漫长的过程，静静地等候新的喙长出来。之后，还要经历更为痛苦的过程：用新长出的喙把旧指甲一根一根地拔出来，当新的指甲长出来后，它们再把旧的羽毛一根一根地拔掉，等待5个月后长出新的羽毛。这时候，老鹰才能重新开始飞翔，从此可以再过30年的岁月！

对于老鹰来说，这无疑是一段痛苦的经历，但正是因为不愿在安逸中死去，正是对30年新生岁月的向往，正是对脱胎换骨后得以重新翱翔于天际的憧憬，燃起了它心中的勇气和决心。要想延长自己的生命，获得重生的机会，它选择了经受几个月的痛苦。我们不得不为老鹰的这种勇于改变的勇气所折服。

放眼人生，又何尝不是如此?面对癌症，是草草地结束自己的生命以免遭受肉体和精神的折磨，还是积极地治疗，创造生命的奇迹?陷入困境，是听天由命，等待命运的宣判，还是放手一搏，冒险寻求可能的转机?工作平淡无奇，碌碌无为，是安于现状，享受现有的安逸，还是勇于改变，寻求属于自己的一片天地?我们一定有过年前大扫除的经历吧。当你一箱又一箱地打包时，一定会很惊讶自己在过去短短一年内，竟然累积了这么多的东西。然后懊悔自己为何事前不花些时间整理，淘汰一些不再需要的东西，否则，今天就不会累得你连脊背都直不起来。大扫除的懊恼经验，让很多人懂得一个道理：人一定要随时清扫、淘汰不必要的东西，日后才不会变成沉重的负担。人生又何尝不是如此！在人生路上，每个人不都是在不断地累积东西吗？这些东西包括你的名誉、地位、财宝、亲情、人际关系、健康、知识等；另外，当然也包括了烦恼、苦闷、挫折、沮丧、压力等。这些东西，有的早该丢弃而未丢弃，有的则是早该储存而未储存。

在人生道路上，我们几乎随时随地都得做“清扫”。念书、出国、就业、结婚、离婚、生子、换工作、退休……每一次挫折，都迫使我们不得不“丢掉旧我，接纳新我”，把自己重新“扫”一遍。不过，有时候某些因素也会阻碍我们放手进行扫除。譬如，太忙、太累，或者担心扫完之后，必须面对一个未知的开始，而你又不能确定哪些是你想要的。万一现在丢掉的，将来又捡不回来，怎么办。的确，心灵清扫原本就是一种挣扎与奋斗的过程。不过，你可以告诉自己：每一次的清扫，并不表示这就是最后一次。而且，没有人规定你必须一次全部扫干净。你可以每次扫一点，但你至少应该丢弃那些会拖累你的东西。

人生需要选择，生命需要蜕变，每当面临困难和挫折，面临选择和放弃，我们都要有足够的勇气，清扫过去，改变自己，只有这样才能获得重生，才能创造另一个辉煌！

## 时机需要选择吗

时机是个时空的概念，它的选择体现在最后一刻的坚持之中。

时机的选择在于在千钧一发时迅速到位。俗话说，“火候不到，效果不妙”。办事的时机选择是成功的关键，选择好有利的时机，大事就有了一半的成功机会。当然，时机不是碰来的，时机也不是等来的，它藏于事物发展的漫长忍耐之中，它躲在事物剧变的千钧一发之际，它是黎明到来前的一丝曙光，它是成功来到时的一声呐喊，记住，成功就在于最后一刻的坚持之中。

在生活中，我们难免会因为一些竞争而与对手针锋相对。矛盾也许不可避免，但是我们没有必要跟对手斗个你死我活，如果真的躲不过去，也不要跟对手硬拼，要懂得利用智慧和技巧，在方法上取胜。

聪明的人懂得在危险中保护自己，而愚蠢的人喜欢依靠蛮力，即便耗掉自己全部的精力也要与对手拼个高低，弄得自己没有回旋的余地。

一位搏击高手参加锦标赛，自以为一定可以夺得冠军。

但是在最后的决赛中，他遇到了一个实力相当的对手，双方竭尽全力出招攻击。当对打到了中途，搏击高手意识到，自己竟然找不到对方招式中的破绽，而对方的攻击却往往能够突破自己防守中的漏洞。搏击高手惨败在对方手下。他愤愤不平地找到自己的师傅，将对方和他搏击的过程，再次演练给师傅看，并请求师傅帮他找出对方招式中的破绽。

师傅笑而不语，在地上画了一条线，要他在不能擦掉这条线的情况下，设法让这条线变短。

搏击高手百思不得其解，怎么会有像师傅所说的办法，能使地上的线变短呢？最后，他无可奈何地放弃了思考，转向师傅请教。

师傅在原先那道线的旁边，又画了一道更长的线。两者相比较，原先的那道线，看来变得短了许多。

师傅开口道："夺得冠军的关键，不仅仅在于如何攻击对方的弱点，正如地上的长短线一样，只有你自己变得更强，对方就如原先的那条线一样，也就在相比之下变得较短了。如何使自己更强，才是你需要苦练的根本。"

在夺取成功的道路上，在夺取冠军的道路上，有无数的坎坷与障碍需要我们去跨越、去征服。

人们通常走的有两条路：一条路是侧重攻击对手的薄弱环节。正如故事中的那位搏击高手，欲找出对方破绽，给予致命的一击，用最直接、最锐利的技术或技巧，快速解决问题。另一条路是全面增强自身实力。就是故事中那位师傅所提供的方法，更注重在人格上、在知识上、在智慧上、在实力上使自己加倍地成长，变得更加成熟，更加强大，使许多问题不攻自破，迎刃而解。

不跟对手硬拼，是一种包容，也是一种智慧。绕开圈子，才能避开钉子。适当地给对手留有余地，也许可以将对方感化，从而化僵持为友好。将敌人变成朋友，适当地给自己留些余地，你才有机会东山再起，才能把握住更多的机遇。

## 积累出自选择

积累是人生的重要资本，它是需要凭着选择去增值的。

一位成功人士曾这么说："人生是一个积累的过程，你总是摔倒，即使跌倒了也要懂得抓一把沙子在手里。"记得一定要抓一把沙子在手里，只有这样才有摔倒的意义。

田中光夫曾在东京的一所中学当校工，尽管周薪只有50美元，但他十分满足，很认真地干了几十年。就在他快要退休时，新上任的校长以他"连字都不认识，却在校园里工作，太不可思议了"为理由，将他辞退了。

田中光夫恋恋不舍地离开了校园，像往常一样，他去为自己的晚餐买半磅香肠。但快到山田太太的食品店门前时，他猛地一拍额头——他忘了，山田去世了，她的食品店也关门多日了。而不巧的是，附近街区竟然没第二家卖香肠的。忽然，一个念头在他幽闭的心田一闪——为什么我不自己开一家专卖香肠的小店呢？他很快拿出自己仅有的一点积蓄接手了山田太太的食品店，专门经营起香肠来。

因为田中光夫灵活多变的经营，5年后，他成了名声赫赫的熟食加工公司的总裁，他的香肠连锁店遍及了东京的大街小巷，并且是产、供、销"一条龙"服务，颇有名气的"田中光夫香肠制作技术学校"也应运而生。

一天，当年辞退他的校长得知这位著名的董事长只会写不多的几个字，便十分敬佩地打电话称赞他："田中光夫先生，您没有受过正规的学校教育，却拥有如此成功的事业，实在是太了不起了。"

田中光夫却由衷地回答："那得感谢您当初辞退了我，让我摔了个跟头后，才认识到自己还能干更多的事情，否则，我现在肯定还只是一位周薪50日元的校工。"

跌倒并不可怕，关键在于我们将如何面对跌倒。如果我们经受不住跌倒的打击，悲观沉沦，一蹶不振，那么跌倒变成了我们前进的障碍和精神的负荷。如果我们将跌倒看成是一笔精神财富，把跌倒的痛苦化作前进的动力，那么跌倒便是一种收获。

每个正常的人，都可以在多项职业上获得成功。相对地，每个正常的人，也可能在多项职业上失败。

只有极少数人在没有经历过挫折和痛苦的情况下，就找到了适合自己天赋的工作。以我自己为例，我曾经做过擦皮鞋工、报童、洗碗工、送货员、电炉装配工和住宅建筑承包商等，在经历了无数次失败后，才找到了适合我所从事的推销工作。

所以，我们都在寻找适合自己工作的道路上徘徊不已，不知道自己适合的工作在哪里。

然而，只要我们忠实地对待身边的工作和日常职责，积累每一次工作的经验，我们终会找到让我们的天赋大放光彩的职业。

丹尼尔·笛福做过商贩、士兵、商人、秘书、经理、会计、特使，但是那些职业都不是他最钟爱的事业。他凭借自己在写作方面的浓厚兴趣，最终创作了著名的《鲁滨逊漂流记》。

鸟类研究专家威尔逊曾经连续从事过五个职业都没有取得成功，但他始终沿着自己的兴趣和爱好不断地钻研下去，终于取得了瞩目的成就。

苏格兰著名的律师厄斯金曾经当过四年的海军士兵。为了获得更高的提升机会，他还参加了陆军。两年后，他来到部队所在地的一个村庄，出于好奇，走进了一家法院——因为法院的法官是他的朋友。法官邀请他坐下，并向他介绍：坐在辩护席上的那个人是当时英国著名的大律师。当厄斯金认真地听完这个人的辩护过程之后，他深信他能够比那些律师做得还要好。后来，他潜心研究法律，终于成为英国最优秀的辩护律师。

斯图尔特起初为政府各部门做研究，后来成为了一名教师。一个偶然的机会，他发觉自己最适合做一个商人。事情是这样的：当斯图尔特借给他的一个朋友一笔钱之后，他的朋友由于生意亏本而陷入窘境，决定将自己的商店送给斯图尔特以抵偿欠款。而斯图尔特也只好接受。

乔纳森对学校的生活极其不适应，他的父亲对他说：“乔纳森，星期一早晨到机械厂上班去吧。”于是乔纳森在机械厂工作了几年，可是他仍旧不能适应这份职业。当他发现自己真正的兴趣之后，他开始执着地追求它，最终成为罗德岛上一个极具影响力的国会参议员。

詹姆斯·斯迈顿的父亲希望他的儿子成为一名律师，而对儿子工程学方面爱好存在着极大的偏见，他想彻底清除儿子在那方面的兴趣。可是，詹姆斯经常躲到父亲的谷仓里维修自己制作的风车模型。即使父亲想尽各种办法，也没能阻止詹姆斯的研究热情。

同样的道理，如果加菲尔德以前没有做过热心的教师、负责任的士兵、忠诚的政治家，他也不会成为美国总统。

无论是林肯还是格兰特，都不是从婴儿时就有入主白宫的能力或驾驭人们的天赋的。因此，没有人会因为自己在摇篮里没有收到巨大礼物的馈赠而感到失望。

而你目前的任务，就是尽力做好每一件手头的工作，并且按照你的天赋所指引的方向抓住每一个重大的机会，从而使自己不断进步。

瑞典电影大师英格玛·伯格曼是最具影响力的电影导演之一，他同样也重重地跌倒过。

1947年，电影《开往印度的船》杀青后，出道不就的伯格曼自我感觉棒极了，认定这是一部杰作，“不准剪掉其中任何一尺”，甚至连试映都没有就匆忙首映。结果可想而知，拷贝出了重大灾情，糟透了！伯格曼在酒会上喝得不省人事，次日在一幢公寓的台阶上醒来，看着报纸上的影评，惨不堪言。

也就在此时，他的朋友笑容可掬，点到为止地说了一句话。朋友说：“明天照样会有报纸”。

此话给伯格曼深深的安慰。明天照样会有报纸，冷言讥语很快都会过去的，你应该争取在明天的报纸上写下最新最美的内容。伯格曼是幸运的，在他失败的关口，朋友没有喝倒彩，而是用富有哲理而幽默风趣的话给他独到的慰藉力量。

伯格曼从失败中吸取教训，在下一部电影的制作中，只要有空就去录音部门和冲印厂，学会了与录音、冲片、印片有关的一切，还学会了关于摄影机与镜头的知识。从此再也没有技术人员可以唬住他，他可以随心所欲地达到自己想要的效果。一代电影大师就这样成长起来。

有时，我们虽然没有收获胜利，但我们收获到了经验和教训，失败让我们真正了解了世界，失败也让我们重新认识了自己。失败虽然给我们带来了痛苦和悲伤，但失败也给我们带来了深刻的反思和启迪。

在日益激烈的竞争压力下，公司每天都在面对着新的变化，每天都可能出现新的危机，如果一个公司不能积极应变，解决危机，将是很难立足于市场的，危机不仅会突如其来地降临在一家公司的身上，同样的，个人也每时每刻都有潜在的危机可能出现。人生有高潮，也就会有低潮。有时候危机会成为一种打击，将你击倒在地，但是你千万不要就此一蹶不振。你应该勇敢地站起来，因为当你站起来之后，你会发现，危机已经走远。如果你站不起来的话，危机将永远压在你的身上。危机就像是闪电。它可以将你一时击晕，使你昏迷在地，但是醒来之后，你已经可以顶天立地，而这时雷电早已消散无踪。

跌倒了也要抓一把沙子的人，便领会了重新站起走向成功的真谛。

积累的选择在于坚持，永不放弃。涓涓细流，汇成江海；千里之行，始于足下；做人办事，学识与经验的积累是重要的资本。要造就这些资本，你必须集中精力、毫不懈怠、长年累月地努力才行。趁年轻时把握机会，努力学习吧，你的未来将因此而改变。

## 选择你喜欢的工作

在职场上，那些成功的人都有一个非常相似的特点：对自己有极高的要求。他们都要求自己努力做到完美的状态，用最高职业标准要求自己，要求自己能够为公司和同事创造真正的利益与价值。这对我们来说，其实就是一条成为骨干的秘诀。

中国有句名言：“取法其上，得乎其中。取法其中，得乎其下。”这句话说得很好，充分说明了严格要求自己的道理。只要我们能坚持“取法其上”，以骨干的标准严格要求自己，必然也会像那些职场成功的人一样，获得非凡的成就。

除非你根本不喜欢任何工作，那么就按照自己的意愿选择你喜欢的工作。

如果你喜欢从事木工工作，那么你就做一个木匠；如果你喜欢从事医学工作，那么你就做一个医生。坚持自己的选择并进行不懈的努力，就一定能够成功。

如果每一个人都能够按照自己的兴趣和天性选择最适合的职业，那么人类的文明可能就达到了最高的境界。只有找到适合自己的位置，人们才有可能获得更大的成功。就像火车头一样，在铁轨上的时候声势浩大，离开铁轨就没有了用武之地，变得寸步难行了。爱默生说：“就像正在大海中漂泊的船只一样，人们只有坚定了航行方向，才能有毅力、有勇气躲避所有来自其他方向的阻碍，战胜深不可测的大海，到达理想的目的地。”

狄更斯写作了一部关于儿童遭受奴役的历史：孩子的兴趣和爱好被无知的父母无情地扼杀了；孩子们做出的所谓的越轨行为被认为是懒散、愚笨，或者反常、幼稚；很多孩子被束缚得不能随意表达自己的观点和想法，从而丧失了很多天性中的东西；许多孩子不能正常地选择自己喜爱的学科；孩子们对那些自己不喜欢的工作当然表现不出任何积极性，这必然招致他们做出很多叛逆的举动。

实际上，那种想将自己的孩子锻造成自我复制品的父母们的想法，一般都是狭隘和自私的。爱默生说：“有一个你就已经足够了，不要把你的孩子变成第二个你。”约翰·阿斯特希望他的儿子能够和他一样，成为一个屠夫，并继承他的生意。但他儿子的真正兴趣却在商业上。他的儿子在商业方面的天赋使他最终成为了著名的商人。

大自然中绝对没有两个完全一样的人。每个生命都有不同的特质，这种特质就属于这个生命，也只能被这个生命所使用。著名的菲特烈国王极其热爱艺术和音乐，对军事训练毫无兴趣。他的父亲却十分讨厌那些优美的艺术，便把菲特烈拘禁起来，甚至企图将他杀死。但是，没有想到的是在他死后，那位曾经因为热爱艺术和音乐被认为无所作为的人被推上了王位，当时菲特烈年仅二十八岁，但他最终使普鲁士成为欧洲最强大的国家。

年轻的牛顿在干活的时候总是思考他感兴趣的问题，要么读书，要么做喜欢的实验。当羊群走失、牛群践踏邻居家的玉米的时候，他丝毫没有察觉到。这使他的妈妈确信牛顿不适合当农民，虽然那是她希望的事情。

躲在巢穴里的鹰的眼神好像非常愚蠢、呆滞，但是当它展翅高飞的时候，它就会流露出犀利的眼神。在蔚蓝的天空中翱翔，划出一道道优美的曲线，这多么令人惊叹啊！

无知的父母曾经迫使阿克顿去理发师那里学习理发，但是有一种天性在他的思想中蕴藏着，其实他一直都在思考人性，并为此祈祷。他问父母："如果我不听从你们所安排的职业，你们就要干涉我自己的选择吗？"

米开朗基罗的父母认为从事艺术研究是极其丢人的事情，他们极力反对儿子做任何有关艺术方面的事情，甚至会因为他在墙上和家具上画画而严厉地惩罚他。但是米开朗基罗的内心对艺术的向往是任何人都无法阻挡的，他对艺术的热情如同熊熊的烈火，激励着他在圣彼得堡的建筑上、摩西的大理石雕像上和修道院的壁画上留下了让世人称赞的艺术作品。

修·密尔的父母期望他们的儿子从政。由于家境贫困，他们希望儿子能够拥有至高无上的权力，从而改变贫苦的状态。密尔的叔叔资助他读大学，但是他的兴趣与父母、叔叔的希望背道而驰。在他看来，露天矿厂就是他的大学，他更喜欢与那些红色的沙岩打交道，因此他在学校中学到的最多的知识就是有关地质方面的知识。

家人希望伽利略成为医生。当他被逼迫学习解剖学和生理学的时候，他总是偷偷地研究欧几里德和阿基米德的理论，刻苦钻研那些方面深奥的问题。在他十八岁的时候，伽利略就通过研究比萨教堂里的吊灯，提出了关于钟摆的定律。他还发明了望远镜和显微镜，在宏观和微观两个领域中为人类做出了巨大贡献。

著名的数学家和物理学家帕斯卡的父亲期望他成为一名语言学教师，但是帕斯卡对数学情有独钟，这使他最终放弃了语法的学习，转向欧几里德几何的研究。对数学的这种热情使他不断进取，从而为世人留下了宝贵的财富。

约舒亚·雷诺兹曾经画了一些画，并在一幅作品上标明“此作品出自一个懒虫——约舒亚之手”。就因为这个，他的父亲严厉地批评了他。但就是这个曾经自称为是“懒虫”的人，成为了英国皇家艺术学院的创立者。

特纳的父母希望他成为一名理发师，但是，他却成为了一名最著名的现代派风景画大家。

克劳德·洛兰本是一个糕点厨师的学徒，但最后却成为了著名的画家；莫里哀本来是学装修的，但是后来竟成为了伟大的作家；圭多曾经被家人送到音乐学院学习音乐，但是他钟爱于美术，最终创作了伟大的《黎明女神》。

席勒曾经被逼迫到斯图特的一所军事院校里学习外科医学，但是他却私下创作了剧本《抢劫者》。当他的首部作品上演的时候，他只能装作一个普通的观众。他非常厌烦外科医学，即使有严格的管理制度，也不能削弱他的创作热情。哪怕在饥寒交迫的情况下，他仍旧专注于他的创作。幸运地是，他得到了一位善良女士的资助，使他很快创作出了两部伟大的戏剧。就是这两部戏剧奠定了席勒在其事业上的基础，使他成为家喻户晓的伟大人物。

韩德尔的父亲希望他将来成为一名律师，于是想尽办法阻止他的儿子学习音乐。但是，他的儿子在获得了一把古竖琴之后，默默地在茅草屋里面练习演奏。曾经有一次，在威斯菲尔德公爵的陪同下，韩德尔的父亲去拜访他的哥哥，他将儿子带着一起去。在一家小教堂里面，谁也没有意识到这个小男孩是那么的喜欢乐器，因为韩德尔在那里自己演奏起来。公爵无意间听到了他的演奏，感到非常惊讶，并赞叹韩德尔在音乐方面的天赋和才华。公爵将他叫了过来，并没有因为他随便摆弄乐器而责怪他，反而赞扬了他的演奏。最终，公爵说服了韩德尔的父亲，让小韩德尔快乐地在音乐殿堂里自由地遨游下去。

荣获诺贝尔物理学奖的杨振宁，早年读中学时，他的成绩在班上也不是最好，但他在那个时候，发现了自己的长处——对物理方面得心应手。于是，他就朝着“物理”方向前进。上大学时，他毫不犹豫地选择了物理系，从此一生潜心研究物理，终于取得了伟大的成就。

伽利略也是及早发现自己长处的人。按照家人的意愿，要把伽利略培养成为一名医生，但是，当他被逼着研究解剖学和生理学时，他并不甘心，把欧几里得和阿基米德的书藏在一边，一有空就学习，那才是他的兴趣所在。当他得出摆钟的规律时，才十八岁，后又发明了望远镜、显微镜等，在宏观和微观两个层次上开阔了人们的视野。

著名数学家、物理学家帕斯卡也是如此。他的父亲坚持要他去做语言学教师，认为那样能够养家糊口，才是一个有出息的人。可是，他也很快发现了自己的长处，其他任何事情和职业都不能取代他对数学方面的兴趣，最终，他转为欧几里得，放弃了语言学。

剧作家席勒，他的父亲是一名军医，为了席勒的前途，父母把他送到斯图特的军事院校学习外科医学。但是童年时代的席勒就对诗歌、戏剧有着浓厚的兴趣，这是他的长处。因此，在医学院学习期间，他私下创作了第一部剧本——《抢劫者》，从而走上了文学的道路。

要选择自己喜欢的工作。这样一来，你不仅会拥有一份得心应手的工作，还可以充分发挥筷的知识和技能，而这才是最有效地利用你自己的资本。

不管你喜欢什么，都要顺其自然。永远不要丢开自己的优势和才能。顺其自然就会成功，否则，无异于南辕北辙，结果就会一事无成。

如果你不能以最高的水准完成你的工作，那么你就一定要思考一下，你所从事的职业是否最适合你的天性，或者看一下是否通过这个职业你能提升自我，并获得成功。考柏在做律师的时候，由于胆小甚至没有为任何一个案子辩护过。可以说作为律师，他是失败的，但是他却能够写出优美的诗歌。莫里哀也没有表现出在做律师方面的才能，但是他在文学领域中却声名远扬；伏尔泰放弃了法律，从事哲学研究；而彼特拉克同样放弃了法律，选择了写作诗歌；克伦威尔在四十岁之前，还只是一个普通的农场主。

在没有经过任何困苦和考验的情况下，就能够在某种领域内表现出卓越的才能和伟大的天赋，这是极其罕见的事情。大多数人即使按照他们的意愿从事喜爱的职业，也很难在十五岁，甚至在二十岁之前将他们一生要从事的职业确定下来。通常，人们都会处于不断的徘徊之中，处于难以抉择的状态下。他们总是期待有一个通晓一切的人站出来指引他们如何作出选择，但实际上，那个人并不存在。虽然我们还不确定哪个职业是最适合自己的，但是我们没有任何理由不去承担自己的责任，也没有任何理由一味地怨天尤人，不做好本职工作。英国作家塞缪尔·斯迈尔斯从事着一份并不符合他天性的职业，但是他没有转嫁责任，而是认真做好这项工作，这些职业经历也是他一生中较为宝贵的财富。当然，最适合他的职业是作家，但是这并不能成为他不努力工作的借口。

要记住，认真做好本职工作，绝不轻意推卸责任，保持兢兢业业的工作状态，忠诚地对待我们的父母和我们的上帝。这些将在恰当的时刻把我们中的大多数人指引到最适合自己的位置上去。

如果加菲尔德没有做教师、士兵和政治家的经历，没有对生活充满热爱和对工作认真负责的态度，那么他就不会成为美国总统。像林肯和格兰特那样伟大的人物，也不是一生下来就表现出非凡的领导才能。因为，即使没有在一出生就得到上帝的垂青，也没有理由悲观失望。最要紧的事情就是尽力做好目前从事的每一项工作，同时按照天性的指引勇于抓住每一个可能的机会，才能不断进取。责任感是指引人们一往无前的动力，任何成绩都是衡量人们的才能和努力程度的标准。

有很多人问道：人类一生的职业是什么？我一生所要从事的最适合自己的职业到底是什么？

如果当你发现，你的天赋和兴趣显示了你要从事木工工作，那么你就去做一名木匠；如果你的天赋和兴趣显示了你能够从事医学工作，那么你就去做一名医生。以自我的兴趣为选择事业的方向，那么获得成功的可能性也就会提高很多。不要轻易怀疑自己的选择和做事情的能力，真正的成功在于勇于承担责任、做好本职工作；只要用心，每个人都能够做到。也就是说，即使做一名一流的搬运工也比做一个二流的其他角色强得多。

那些曾经以差等生和笨学生出名的人，有很多最后也取得了巨大的成功。可以说，上帝赋予了他们与其他人同样的机会。当然，在成功的过程中，他们遭遇到了很多常人无法想象和难以忍受的艰难险阻。所以，应该给予每一个孩子同等的机会和鼓励。不能只是一味地谴责和辱骂他们，即使当他们的确表现得有些蠢笨的时候。我们要以一颗宽容的心对待那些所谓的弱智、笨蛋或者劣等生。要知道，他们未必天性就是愚笨的，很可能是由于他们做出了不同常人的举动，或者生活在极其不恰当的环境中。理解孩子们产生各种举动的原因和他们的生活空间，比不假思索地认为他们一无是处、无药可救具有更深远的意义。

威灵顿的母亲认为他是一个劣等生。在伊顿上学的时候，人们常常说他是笨蛋和白痴，他在那里始终处于最差的学生行列中——因为他什么都不懂，好像什么都学不会似的。在学校里，他没有表现出一丝的天赋和才能，但是他坚毅的性格和勤奋的精神备受父母和老师的赞赏。就是这样一个人，在他四十六岁的时候，竟然战胜了赫赫有名的拿破仑。

英国文学家哥尔德史密斯在学校时，常常被人称为笨蛋、傻瓜，他是一个公认的劣等生。他想学习外科医学，但是遭到了拒绝。后来，他不得不选择了文学。最终他写出了令世人惊叹的《韦克菲尔德的牧师》和《荒村》两部伟大的作品，很少有哪位作家的作品能与之媲美。当约翰逊博士变得债台高筑，甚至即将入狱的时候，他向哥尔德史密斯要来了《韦克菲尔德的牧师》的手稿，卖给了出版商，才偿清了债务，这也使哥尔德史密斯成为闻名遐尔的人物。

罗伯特·克莱吾夫小时候被人认为是弱智儿童，上学后很多人都认为他一无是处。但是，在他三十二岁那年，他在普拉斯战役中以三千人的微弱兵力战胜了有五万人的敌军，为英国在印度的统治奠定了坚实的基础。英国小说家瓦尔特.斯格特爵士是老师眼中的笨蛋。当伟大的诗人拜伦有一次在班级获得第一名的时候，他的班主任讽刺道：“等着瞧吧拜伦，过不了多久，你还得是班上的最后一名。”

著名将军理查德·谢里丹小的时候，母亲教授他一些很基本的知识，他似乎都无法领悟。后来母亲去世了，这使潜伏在谢里丹体内的天赋显示了出来，他成功地完成了很多事情。在美国内战期间，他成为远近闻名的人物。

塞缪尔·德鲁被很多人认为是极其懒惰的人。经过生活中的种种不幸，尤其是哥哥的去世给了他最沉重的打击之后，他变得毅然勤奋、进取，努力利用一切时间刻苦学习，不断地完善、提高自我。他觉得是潘恩的《理性时代》使他成为了一名作家，因为在与对这部作品的各种非议辩驳的过程中，他学到了很多东西，从而以作家的身份出现在人生的舞台上。他的智慧和精力得到了众人的认同和赞赏。

事实上，能够意识到自己的天赋的人，已经迈出了走向成功的最重要的一步。哪怕没有及时认清自己的天赋所在，那些杰出的人士仍旧不甘心听从命运的摆布，不断尝试、奋发图强则是他们惯用的做法。

阿特密斯.沃德说："每个人都有自己擅长做的事情，有的擅长这个，有的擅长那个。然而总是有一些人无所事事，那种状态却是他们最擅长的。"

"我曾经有两次去做自己不擅长做的事情。第一次我想要将偷偷潜入我的帐篷的人赶出去。我说：'好的，你快给我出去，要不然我就不客气了。'那个人说：'来吧，你这个胆小鬼。'我冲向他，但是他拽着我的头发将我扔到了帐篷外面。当我躺在草地上的时候，他上来就揍我，又把我推到臭水坑里。看到自己狼狈的样子，我意识到自己不是能打架的材料。

还有一次我对马戏产生了兴趣。我跟着其他人一同到了马戏团。正准备尝试一下的时候，我前面的两匹马和后面的一匹马突然开始不停地踢我，还不断地发出非常不顺从的声音。我的肚子和后背被马踢了好几下。那种撕心裂肺的疼痛让我印象极其深刻。后来，我被人带到了旅馆，头上缠着绷带自言自语道：'看来我不擅长驾驭马，我是玩不了这个了。'

我的亲身经历在一定程度上证明了：不要做自己不擅长的事情。因为如果你做了的话，就会陷入极大的痛苦中，同深陷泥潭的感觉一样。虽然这只是个比喻，但却是那种不适应和不恰当做法的真实反映。"

下面这个例子讲的是一个在没有弄清自身状况和求职经验的情况下刊登广告的人，他的这则广告曾经出现在美国西部的报纸上：

"本人欲寻求印刷师的职位，印刷厂中任何职位我都能胜任。本人可以担任任何领域的教师职位。本人还可以教授绘画、写作、地理、测量和其他许多学科。由于有过做教士的经验，所以本人可以给他人讲授深刻的神学知识。此外，本人还可以成为牙医或足病医生的得力助手。本人也愿意做一名男低音或男高音歌手。”

这个求职者一直没有得到任何愿意招收他的消息，直到他在那则求职广告下面加了一行字：“附注：本人可以从事低于一般薪水水平的锯木工作。”

他终于找到了工作，以后这则广告再也没有出现过。这个故事要说明的道理是：要清楚地知道自己最擅长的工作是什么。这不仅有助于把握自己的前程，而且有利于他人清楚地了解你的情况，从而使你在社会中的位置变得更加清晰起来。

应该说，聪明才智属于天赋的范畴，真正能够表现天赋的职业才会是真正适合你的职业。事实上，如果你真正找到了适合自己生存和拼搏的位置，那么你的工作本身就会进一步发掘你的潜力，充分调动你的积极性。

选择那些真正符合自身天性、最喜爱的行业，并且同时能够充分根据自己现有的经验进行选择的话，你将会比较顺利地在工作岗位上生存下去。因为你不仅能够在这样的岗位上发挥自身的潜能，而且能够真正利用自己的资本闯出一片天地。

在选择职业的时候，千万不要轻易放弃对符合自己天性的行业的追求。虽然在你满心憧憬着要为自己钟爱的事业奋斗的时候，可能会遇到许多阻碍。有时候家人和朋友可能会由于某种原因反对你的选择，使你深受打击，从而去做一些你不感兴趣的事情，或者从此一蹶不振。但是，你要清楚地知道，如果真的对演说、音乐等事业十分向往和钟爱的话，那么蕴藏在你内心深处的潜能终有一天会像火山一样迸发出来的。

在对职业作出选择的时候，千万不要受“在这方面，你永远也不会充分发挥你的才华，你绝不会有用武之地的。”这样的话干扰。要知道不能勇敢的去追求，努力使自己的才能得到充分发挥的人，上帝是不会给予他们足够的帮助的。因为上帝本身就非常厌恶和鄙视那些由于受到某些挫折就半途而废的人。

马修·阿诺德清楚地懂得：宁可做从事制鞋行业的拿破仑，宁可做从事清洁工作的亚历山大，也不要做根本对法律毫无兴趣、一生碌碌无为的律师。

罗格·阿斯盖姆说：“一个不知道在什么时间做什么事的人是无知的。这使得有些人一心希望发财致富，但是他可能只适合享受贫穷；有些人一心想当法官，但是他的天性决定他更适合做运输工作；一些人一心想成为主人去统治他人，但是他连自己都管理不好；一些人想教授他人，而他却是最应该学习的人；一些人一心想成为牧师，但是他的天性更适合做办事员。”

在世界上几乎有一半的人正从事着与本身天性相差甚远的职业。这就像是生活在杂乱无章的秩序中一样，每一个人都处于错误的位置上。售货员想要做老师，而天生可以做老师的人却在管理商店；天生适合做农民的人却从事与法律有关的职业，正在做那些亵渎法律的事情，而像乔特和韦伯那样的人却在管理境况窘迫的农场。事实上，很多人都已经意识到，由于自己的不得志所带来的痛苦。那些只能在工厂中做繁重工作的穷苦的孩子们，由于不能全身心地投入到他们所热爱的希腊语和拉丁语的学习中，而变得非常憔悴；很多本来能够很轻松地胜任农场和水手工作的孩子，却在大学里做着大量他们并不喜欢的功课。如果一个只适合粉刷栅栏的人，徒有其名地从事着艺术工作，最终也只会是徒劳无功。如果对售货无任何兴趣的店员，在接待顾客和出售商品的时候就会表现得三心二意，这不仅不利于本人的发展，也影响了他人的正常状态。

经常会有些人由于某种冲动或者境遇选择了不适合本身天性的职业。一位出色的鞋匠因为为社区写了几句诗歌，就被人们称为诗人。他竟然放弃了熟悉的鞋匠工作，开始从事并不熟悉的写作工作。有些类似鞋匠这样的人在国会里面滥竽充数，而真正的政治家却在那里从事其他不适合他做的事业。完全不能够胜任牧师工作的人却在那里津津乐道地谈论着他们的布道如何深刻和贴切，而像比彻和怀特菲尔德这样的人却成为商场上并无大作为的老板。很多人可能会疑惑：为什么有些人不去从事真正适合他们的职业呢？一个能够熟练摆弄工具的孩子，却在他人的劝导下考上了大学，从此走上了无所作为的道路，但那却是世人眼中最美好的行业。当真正的医生在从事繁重的体力劳动的时候，那些屠夫却在从事医生的工作。令人感到幸运的是：

“好像不知不觉中我们的命运已经被事先注定了似的，我们能够获得什么样的结局都是事先安排好的事情。”

富兰克林说：“拥有自己的产业是比较容易的。但想要通过从事天性擅长的工作中获得利益和荣耀绝非易事。站着的农夫将会比跪着的贵族高大得多。”

一个人选择的职业可能足以影响他的生活。工作可以使他身强体壮、思维活跃，能够激发起他的创作欲望；工作能够让他积极进取，乐观地对待一切事情，胜任符合天性的工作，并勇于承担相应的责任，还能够让他觉得自己是一个充满胆识和勇气的人。从这个意义上讲，无所事事的人算不上真正的人。因为他没有获得在工作方面真正表现自我的空间和机会。此外，只将身体的某一部分机能夸大，而忽视其他器官的作用，也不能使一个人成为真正的人，更不能使他变得灵活。只有将肌肉、骨骼和大脑等各个器官适当地组合起来，意识到真正适合自己的工作的价值，并在从事这样的工作的过程中积极思考，才能够真正勇敢地承担起来自各方面的巨大的责任和压力。只有这样，才能找到真正的自我，成为一个真正的人。

勤奋努力和刻苦钻研是走向成功的前提条件，而坚忍不拔、持之以恒是另一个前提条件。通常，同时具备这两个条件，并清楚地意识到它们的价值所在的人获得成功的几率会很大。

要知道欲速则不达。我们不应该期望一夜成功，但也不能默默等待、无所作为，而应该将手头的事情做到尽善尽美和精益求精。我们应该坚持果断、谨慎细致、考虑周全的好习惯，保持充沛的精力，努力使自己成为同行中的佼佼者，甚至站在前人的肩膀上获得更大的成功；应该做到不仅将本职工作做好，还应该寻求更加完美的工作模式，勇于为了提高工作效率向老板献计献策。这样的话，不仅会从工作中获得满足感，也会获得他人的赞誉和良好的名声。我们应该不断地思考，拼搏进取将成为完美工作的催化剂。

一个人失业的时候，正好有份工作让他去做，无论他是否喜欢那份工作，都不要太在意工作与个人能力之间的差距。因为他要是很好地处理了工作上的事情的话，就会证明他是胜任这份工作的，那么不久就会有更好的工作降临。

社会变得越来越复杂，竞争越来越激烈，好像也越来越弄不清楚究竟什么是真正的人生目标了。如果你是祖鲁人或贝都因人的后裔，那么这个问题就不难解决了。野蛮人的生活通常是别无选择和无能为力的，他们只能适应野蛮的状态，即使再努力，也改变不了多少。但是，当人类过渡到比较文明的阶段，人类真正的本质和价值得到验证和触及的时候，合理而适当地确定人生的目标是何等困难的事情啊！在激烈的竞争年代，能否在竞争中获得一席之地，关键在于个人的潜力与热情是否被充分地激发了出来。即使拥有美好的前途，倘若滥用个人的潜能最终也将会功亏一篑；即使确定了人生目标，但是不能够为之努力奋斗也是无济于事的。

# 第五章 选择正确的思想

你的意志力量，是决定你成败的力量。要想成功，先要有正确的思想方法和思维方式。你思想所要的，都可以实现。

## 培养独立思考的精神

我故思我在。人类文明的发展与进步都是独立思考的结果。上帝让人类成为这个世界的主宰，首先赏给人类的就是高于百众生灵的智慧。

人格要想彻底走向独立，必须从培养独立的思考开始。对世界，对人生，对社会，对各种各样的现象，都保持清醒的头脑，有自己的认识视角，自己的判断标准、自己的思考方式；不惟上，不惟书，不惟已有的定论，哪怕是权威的定论，也要以科学的、理性的、现实的价值观去全面判断。哥白尼对天体运行的科学发现、达尔文对物种起源的正确解析、弗洛伊德对人类潜意识的惊世骇俗的研究，如果不是基于独立思考的前提，都是不可想象的人间奇迹。也正因为如果，他们都是人格独立的样板。

思考能够让人培养起一种做人之心。例如人之所以纷纷扰扰不能安定的原因，是因为不知天命。陶渊明、白居易、苏东坡能够享受自然，随遇而安，就是因为他们明白思考能够培养起自己一种独立的精神。

所以说，当人类发展到今天，我们还有什么理由不相信我们所看到的发展与进步都是独立思考的结果。对于我们自己来说，我们作为这个世界的主宰，我们作为具有高度思维能力的人，我们也并不是无所不能。正是因为我们善于进行独立思考，从而使我们的眼睛虽然远不如鹰的眼睛，结果却发明了电子眼，超过了鹰的眼睛；我们的嗅觉虽然远不如狗的嗅觉，结果却发明了比狗的嗅觉还要灵敏的气味探测器；我们奔跑的速度虽然既比不过兔子，也比不过羚羊，但我们却能生产比兔子或羚羊跑得还快的汽车、火车、飞机等。从这一切来看，是什么让人类主宰了这个世界？首先是智慧。智慧就是独立思考的结晶。人云亦云，无法出奇制胜；跟在别人后边亦步亦趋，也不可能实现思维的创新，同时，缺乏独立思考的精神，也可以看作是人格的缺陷。

分公司遍及全美国的事务公司总裁亨瑞·杜因基说，无论他出多少钱，都找不到同时有下面两种能力的人：一是有思想，二是能按事情的轻重去办事。

查尔斯·卢克曼从一个无名小卒，经过10多年的奋斗，成为培素登公司的董事长，每年享有10万美元年薪，另外还净赚200万美元。他说自己就是因为具有了上述的两种能力。

“我一般早上都在5点钟起床，那个时候，我头脑最清醒，我可以考虑得非常周到，把一天的工作都提前计划好，按事务的轻重顺序来安排做事的先后顺序。”卢克曼这样介绍他的经验。

富兰克林·布登是全美国最成功的推销员之一，他总是在前一天的晚上就已经把要做的事情计划好了。他每天都给自己定一个目标，每天必须要卖到多少，如果当天没完成，就把它加到第二天上去。

而萧伯纳这位英国大文豪，则是采取持之以恒的方法和态度，如果不这样，他根本不可能成为一名作家，而只是银行的一名小职员了。他规定自己每天一定要写5页书稿，就这样坚持了9年，虽然总共得了34美元，却为他的创作生涯奠定了牢不可破的基础。

所以说，一个人在追求人格独立的时候，也必须培养一种独立思考的能力，只有他们对世界、对人生、对社会、对各种各样的现象都保持清醒的头脑，有自己的认识视角、自己的判断标准、自己的思考方式，才能指引他们向着有利的方向发展。能力再强的人，如果没有工作顺序，就开始埋首于工作之中，势必会把工作弄得一团糟。

据说，上帝曾经任命两位天使，一位去清扫街道，一个去治理国家，他们各司其职不能互换。当人们意识到上帝赋予他们的工作和职责的时候，才能全身心地投入到工作中去，并且从中获得最大的幸福。如果一个人能够在他年轻的时候便找到适合自己的职业，那将是多么幸福的事情！但是，如果他连争取最适合自己事业的想法都没有的话，他只能安于现状，并且不会使自己得到真正的快乐，更不会提供令他人满意的工作。如果没有找到适合自己的位置的话，一个人总会致力于那方面的追求，那似乎是人类天生的倾向。那种倾向一直指引他不断地追求他的梦想，直到找到适合自己的位置。这时，他才能体会到真正的幸福。

父母总希望自己能够决定孩子的生活方向，全然不顾孩子本身的兴趣和追求。这对孩子的成长是非常不利的。父母正在犯重大的错误，却丝毫没有意识到自己的错误。

在圣经的《士师记》中有这样一个寓言故事：在众树之中，无花果树被推举为森林之王。无花果树说："在橄榄树拒绝放弃令上帝和大家满意的果实之后，为什么我就会为了获得美好的果实而处于那个位置呢？大家有没有在乎过我的想法呢？”这个寓言故事提醒我们：世人不能为了满足暂时的需求而去做不适合自己的事情。作为统治健壮的橡树和高耸的松树的国王，无花果树会获得如此尊敬，就像在国会中处于不适合自己位置的那些政客一样；但是橡树和松树由于地位低下不得不支持无花果树。在无花果树统治的王国里，支持和尊重它就是至高无上的事情。在自己的王国里，无花果树具有如此大的权力，但是如果它一旦丧失这种权力，它就再也没有理由生存下去了。有时在家庭中，操持各种家务的母亲为了使家人获得舒适的生活环境，总是禁止任何吵闹和出格的事情，孩子被母亲管教得几乎丧失了任何自我选择的能力。但是，母亲所胜任的职能并不能囊括所有的领域。孩子的成长和发展应该更加适合他们自身的天性。因为走出家庭，孩子所接触的很多领域都是母亲无法预料的，她无法永远管制在社会中闯荡的孩子，也无法终生做他们的保护伞。

让马车在竞技场上奔跑，是多么荒谬的事情啊！但是，这种不恰当的行为比起那些认为法律、医学等最受人称赞的职业，就变得相当逊色了。据调查，美国大学生中有百分之四十二的人学习法律，这是多么荒谬的事情啊！究竟有多少孩子按照他们父母的意愿行事，最终毫无作为呢？同样在我们的社会中，究竟有多少庸庸碌碌的医生和律师呢？在这个国家中，从事不适合自己职业的人随处可见。他们有的失望、潦倒，有的没有信誉、缺乏勇气。这是多么令人慨叹的事情啊！

可以说，任何一位成功的大学毕业生并没有从学校教育中得到收益，他们真正需要的是毕业之后，能够意识到自我需求的是什么。

大学中获得最好的财富就是知道如何学习，而不是单纯地了解书本知识。从走出校园的那一刻起，他们就会发现书本知识是相当局限的，真正需要做的是找寻真正能够适合自己和令自己满足的东西。

事实上，我们不能简单地认为：如果一个人努力专注于一件事情，结果却没能成功，那么他在做其他事情的时候就没有任何可能取得成功。当一条鱼被冲到沙滩上的时候，干燥几乎令鱼丧命，鱼鳍在空气和泥土中拼命挣扎，仍然不起作用，这时的鱼鳍似乎成为鱼生存的障碍了。但是一个巨大的海浪冲向沙滩，鱼接触到了水，它又找到了自己生存的空间，鱼鳍的作用又被发挥出来了，它能够重新回到熟识的大海中自由地遨游，即使惊涛骇浪也无所畏惧。找到真正适合自己的空间是极其重要的，它可以影响人们的一生。

## 思想决定一切

“思考决定一切”，这是千真万确的事。当思考与人生目标、自身毅力以及获取物质财富的炽烈欲望结合在一起时，它具有更强大的力量。

思考让人伟大。思考赋于我们理性的思想和智慧，人们正是在思考中变得越来越明智，越来越成熟。

没有什么物质可以代替思考，思考具有一种神奇的力量，它可以开启人类的心灵，激励人类的生命。世上万物，除了那些没有生命的，其他的都离不开思考，因为思考是生命运动的一部分。

智者与愚者，他们本质上没有什么区别。只是智者善于思考，愚者不善于思考。善于思考的人总是可以从生活中的一个胜利走向另一个胜利，在遇到失败和挫折时，他们总会想尽办法来解决这些挫折。智者始终相信“思考决定一切”。

思考是我们升华生命的意义、提高生命质量的手段。没有思考的人生是缺少灵魂的人生，没有思考的生命只不过是一具冰冷的尸体而已。很大一部分没有得到成功的人，他们之所以不能成功，不是因为他们没能力，完全是因为他们不善于思考。那些成功者，他们往往都是善于思考的人，他们从容坦然地面对人生中的各种苦恼和挫折，成功地打造自己辉煌的人生。

电视节目里有一套电视剧叫《大染坊》，也许你看过。主人公陈寿亭从小失去亲人，一个人靠着乞讨过日子，根本就没有上过学。但是，他从小就是一个爱思考的人，从他进入染房开始学技术到最后他走向成功，无一不是他思考的结果。

我们所有的计划、目标和想法都是思考的产物。我们的思考，是我们惟一能完全控制的东西。我们可以任意地运用它，使它显示出一定的力量。

从前有一个国家的国王要找一个技术最好的木匠师傅为他做一把龙椅，听到这个消息的国民都报名做木匠，都希望能得到国王的重用。

到了比赛的最后，只留下了两名入选者，他们即将面对明天由国王做主审的总决赛。

第二天，总决赛开始，国王让他们每人刻一只老鼠，看谁刻得逼真，就让谁胜出。

经过一天的时间两个木匠把老鼠刻好了。第一个木匠师傅刻的老鼠栩栩如生，甚至连鼠须都会动。

而第二个木匠师傅刻的就不行了，他刻的老鼠只有三分像，在大殿上，国王把结果公布了：第一个木匠得到了胜利。

但是，第二个木匠不乐意了，他说："国王，您的评判不公平，老鼠的像与不像，应该由猫来决定，猫和老鼠是天敌，它们最能分辨老鼠了。"

国王想了想，觉得也有道理，于是叫人到后宫带几只猫来，让猫来决定哪一只更像老鼠。

没有想到的事发生了，猫往第二个木匠师傅所刻的老鼠扑去，而对那只第一个木匠师傅刻的老鼠却理都不理。

事实摆在眼前，国王只好宣布第二个木匠获得胜利。

事后，国王一直都想不通，于是叫第二个木匠跟自己说说理由。

木匠对国王说：“国王，其实很简单，我只不过是用鱼骨刻成老鼠罢了！猫那时候关心的只有鱼骨，是不是老鼠已经不重要了。”

是啊，获胜者往往是那些最肯动脑筋、想人之所不想的人。

正确的思考是一种对人生意义的解读，是一种对岁月的感受。成与败、勤与惰、舍与得、爱与恨、喜与悲、名与利等等都是我们思考的主题。如果我们能领悟到隐藏在其中的人生真谛，那么我们将活得更加自信，更加精彩。

几年府,艾德温·巴尼斯发现,人们只要去思想就可致富,这是千真万确的事。他的发现并非一念之间所产生,而是渐渐来到的。最初只是一种急切的欲望;他要做伟大的爱迪生的商业伙伴。

巴尼斯愿望的主要特征之一,就是“明确”,他希望和爱迪生“共同”工作,而不是“为他”工作。在仔细观察了如何将欲望转化为事实的描述之后,我们对致富的原则就会有更好的理解。

当这个欲望,或者说是思想的冲动,首次在巴尼斯的心头闪过时,他也是无力采取行动的,因为有两大困难挡在面前:一、他不认识爱迪生;二、他没有足够的钱买张火车票到新泽西州的奥伦芝去。

这些困难足可使大多数人感到沮丧,进而放弃实现欲望的尝试。但是,巴尼斯的这个欲望却不同寻常!

他想办法在爱迪生的实验室中出现,宣布他是来和爱迪生合作的。

几年后,爱迪生谈起他跟巴尼斯初次会晤的情形时说:“他站在我的面前,外表就像一个十足的无业游民。但是他脸上的表情给人的感觉是,他决心要得到他追求的东西。根据我多年和人交往的经验,我深知,当一个人真正渴望获得某样东西时,为了得到它,他甚至不惜付出一切代价,这种人必然会成功。我给了他所渴望得到的机会,因为我看出他已下定决心,不成功誓不罢休。以后的事实证明了我的判断非常正确。”

这位年轻人之所以能在爱迪生的办公室里获得了事业的开端,决不是因为他外表的关系,因为他的外表对他是绝对不利的,最重要的是因为他的“思想”,思想决定了一切。

在第一次会晤中，巴尼斯并未建立起他与爱迪生的合作伙伴关系。他只是在爱迪生的办公室里得到了一个工作机会,而且薪水很低。

几个月过去了。巴尼斯一心所想接近自己暗自确定的那个“明确的主要目标”的愿望,显然没有丝毫进展。但是,巴尼斯的意识正在发生重大的变化,他不断地在强化他想做爱迪生商业伙伴的这一欲望。

心理学家说得非常正确:“当一个人真的渴望去做一件事情时,这件事情自会出现。”巴尼斯准备与爱迪生在商业上合作,而且他决心继续积极准备下去，直到他达到目标为止。

他从未对自己说:“算啦,有什么用呢?我想我得改变原来的主意,试试做一个推销员吧。”但是他却对自己这样说:“我到这儿来是为了与爱迪生合作,我一定要达到这个目标,即使耗尽我的一生也在所不惜。”他说话算话!倘若人们确定了一个明确的目标,并且为了这个目标甘愿付出所有(包括那些不得不花费的时间）,那么,他必然会获得预想不到的结果!

也许,当时年轻的巴尼斯还不懂这个道理,但是他的不屈不挠的决心,坚持一个单纯愿望的持久毅力,注定使他铲除了所有的障碍,并为他带来他所寻找的机会。

当机会来到时,它出现的方式,并非为巴尼斯所能料到的,这是机会的恶作剧。它有从后门溜进来的狡猾习惯,它来到时往往伪装成不幸或一种失败的样子。这也许可以说,为什么许许多多的人之所以不能认识机会的道理。

爱迪生刚刚完成一种新的办公用具的发明,当时称之为“爱迪生口授机”。他的销售人员对此不热衷,他们不相信这种机器能轻易脱手。巴尼斯意识到他的机会来临了!这种机会悄然来到,它是藏在除了巴尼斯和发明家之外、没有其他人感兴趣的一具怪模怪样的机器之中。

巴尼斯知道他能推销爱迪生的口授机。他向爱迪生提出请求,并立即得到了允许。他不但销售出了这种机器,而且事实上他的销售十分成功。于是爱迪生他和鉴了约,让他负责在全国推销。在这个商业合作的过程中,巴尼斯除了使自己成为富翁外,他还做了一件更重要的事情,他证明了一个人真的可以“思考致富”。

巴尼斯最初的欲望对他而言值多少钱,我无法知道,也许会带给他200或300万美元。但是无论值多少钱,若与他所得到的更大智慧之财富相比较,则是微不足道的。他的智慧财富是:“积极思想,配以绝对的原则,并付诸行动,即可转变为物质的财富。”

简单地说,“思考”使伟大的爱迪生和同样伟大的巴尼斯结成商业伙伴关系;思考使他致富。他开始时一无所有的,后来终于证明了自己可以拥有一切。

## 思想与性格

“当一个人进行思考时，他就因此而存在。”这句箴言不仅概括了一个人存在的全部意义，而且也包含了一个人在生活中所触及的所有环境和条件。可以毫不夸张地说，一个人是在思考中挺立起来的，他的性格是其思维的一个总和。

我们现在来看一个例子吧。

比尔·盖茨是微软公司的首席执行官，由于他善于思考，从而培养起了一种独立思考的性格，正是这种性格，使他获得了许多世界之最，例如“有史以来最年轻的世界第一富豪”，“人类历史上第一个靠电脑软件积累财富的先行者”，同时，他还是一个高科技产业的引领者，这些荣誉的获得，均是由他善于思考而得到的。

1955年，比尔·盖茨出生于美国西北部华盛顿州的西雅图。他小时候就开朗活泼，是一个精力充沛的孩子，他从小就极爱思考，一旦迷上某事便能全身心投入。比尔·盖茨从小酷爱读书，尽管他是个儿童，但他喜爱读成人的书。在自己家里，他可以随意翻阅父母的藏书。长着一头沙色头发的7岁男孩比尔·盖茨，最喜欢反复看个没完的是那套《世界图书百科全书》。他经常几个小时地连续阅读这本几乎有他体重三分之一的大书，一字一句从头到尾地看。

他经常在思考中反省着自己，就这样，他从小小的文字和巨大的书本中，找到了自我，从而树立起了一种挑战自我的感觉。他甚至还会在思考中产生一种强大的力量，他感觉到无论是哪本书，都藏着一种神奇的力量，于是，他开始产生幻想，然后付诸实施。在他看来，从那些书里，在我们生存的世界里，是充满神奇，充满向往的……他甚至认为，对于任何一种世界大百科全书，如果仅用一种火柴盒大小的东西就能收录进去，那不就更神奇了吗，那该有多方便。这个奇妙的思想，后来竟然被他实现了，而且比火柴盒还要小，只要一块小小的芯片就行了。

比尔·盖茨就是这样一个善于思考的人，他从思考中树立起了对发明的热爱，最终使他与他的好朋友保罗·艾伦创造了世界著名的计算机软件开发公司——微软。

比尔·盖茨在创业前，与保罗·艾伦是最好的校友，两人经常在湖滨中学的电脑上玩三连棋的游戏。那时候的电脑就是一台PDP8型的小型机，学生们可以在一些相连终端上，通过纸带打字机玩游戏，也能编一些诸如排座位之类的小软件，比尔·盖茨玩起来得心应手。

看看那些取得巨大成就的科学家们，他们的成功都是思考的结果，牛顿看到苹果落地发现了万有定律，同样地，进行个人电脑软件的开发也是比尔·盖茨进行思考的结果。那是在1975年1月的时候，他偶然地从《大众电子学》杂志的封面上看到了阿尔法8080型计算机的图片，就是这幅图片点燃了他的电脑梦。他和他的好友保罗·艾伦在哈佛阿肯计算机中心没日没夜地干了8周，为它配上了Basic语言，开辟了PC软件业的新路，奠定了软件标准化生产的基础。

比尔·盖茨中学毕业进入哈佛大学学习一年后，他决定离开哈佛大学去创建计算机公司。在别人看来，这是一个多么冒险的决定，但对于比尔·盖茨来说，他是经过深思熟虑的。他与父母进行了多次的交谈，谈了自己的看法，还谈了自己对未来的梦想。当然，作为比尔·盖茨的父母来讲，他们非常了解儿子的想法，也没有理由阻止比尔·盖茨的想法，他们认为或许儿子的天赋正好适合计算机的发展，于是他们不仅没有抱怨儿子离校的想法，反而还想尽各种办法帮助他。最后，比尔·盖茨便毅然决然地离开了令众多学子向往的哈佛大学，开始在软件领域大展宏图。1975年，比尔·盖茨正式创办了微软公司，如今，微软已经成为软件业内名副其实的“软件帝国”。

由此看出，一个人只要有他奇特且切实可行的想法，他就能够创造一种奇迹，毕竟思考造就了我们。我们的生存也是靠思考建造的。作为一个有智慧的生命，作为自己思想的主人，只要我们能够善于思考，我们就能找到属于自己的宝藏。这就是人们常提及的：“只有努力寻找的人才能找到；幸福大门只会对叩门的人敞开。”因为只有通过耐心、实践和无止境的追求，人才能进入幸福殿堂的大门。

总之，令人沉迷的思绪，无论是好是坏，必然会对性格与环境造成相应的影响。一个人不能够选择自己所处的环境，但是他能够选择自己的思想，从而间接地、确实无疑地塑造自己的环境。正确的思想会帮助每个人，使他最渴望的愿望得到满足，机遇也会以最快的速度将善与恶的思想引至表面，并且升华，直至开花结果。

“当一个人进行思考时,他就因此而存在。”这句箴言不仅概括了一个人存在的全部意义,而且也包含了一个人生活中所触及的所有环境和条件。可以毫不夸张地说,一个人是在思考中挺立起来的,他的性格是其思维的一个总和。

正像一株植物是从种子中生长出来的一样,人的每一个行为都是从其内心潜伏着的思想中迸发出来的。行为的出现是离不开思维的。这不仅适用于那些精心策划实施的行为,同样也适用于那些被称之为"自发性的"和"无意的"行为。

行为是思考的花朵,而欢乐与痛苦是思考的果实;于是,人收获着自己培植的果实,有的甜蜜,有的苦涩。

思考造就了我们。我们的存在是靠思考建造的。如果一个人心存恶念,那么痛苦就会追随着他,就像是老牛身后紧紧跟随的车轮……

……如果一个人的思想纯洁高尚，那么欢乐也将伴随着他,如影随形。

人类的成长是有规律的,而不是靠技巧来完成的。在思维的世界里,因与果也是绝对的,毫无偏差。就像我们能看到的一样:高贵的品质不是来源于上帝的恩惠,或是机遇的关照,而是一种长期进行正确思考的自然结果,是一种长期进行神圣思考的结果。卑贱下流的性格也是经过类似的过程,那是长期怀有下贱的思想的结果。

人的创造或毁灭都是由自己来完成的。在思维的兵工厂里,他锻造了自我毁灭的武器,也打制了可以用来为自己建造充满欢乐、力量、和平与天堂般的庄园的工具。通过正确的选择和诚实的思考,人在向神圣和完美迈进;错误的思想和毫无理性的选择只能将人降至与禽兽为伍的地步。在这两个极端之间,还有各种不同层次的性格,而人正是这些性格的创造者和主人。

在这个年代所揭示的所有关于灵魂的美丽的真相中,最令人兴奋和最能带来憧憬与信心的莫过于此——那就是人是思维的主人,是性格的塑造者,是状况、环境和命运的创造者。

作为一个有智慧和爱的生命,作为自己思想的主人,你手中握着通向各种境遇的钥匙。人本身就具有那种转变和重塑的力量,由此他可以使自己成为他愿意成为的形象。

人永远是主人,即使当他在最虚弱和最孤独的境地,他也是自己的主人。只不过当他虚弱和堕落时,他是一个对自己的“家业”管理不当的愚蠢的主人。当他开始反省自己的状况,开始辛勤地寻找自己的生命所依据的法则时,他就变成了一个聪明机智的主人,以智慧来引导自己的精力,将自己的思想倾注于充满希望的事业上。这样才是清醒的主人,而人要想成为这样的主人,必须通过在自身中寻找思想的法则。而发现思想法则的道路是建立在实践探索,自我分析和经历世事之上。

只有通过不懈地搜寻和挖掘,才能得到真金和钻石。如果人能够在自己灵魂的矿山深处发掘,那么他能够发现与自己的存在有联系的所有真理。他会发现他是自己性格的制造者,是自己生活的塑造者,是自己命运的建构者。他可以毫无疑问地证明这一点:只要他愿意观察、控制和改变自己的思想,同时仔细探求自己的思想对自己,对他人,对自己的生活与环境的影响和作用,他就可以通过耐心的实践和调查将因与果联系起来;利用自己的每一次即使是最微不足道的经历和日常发生的琐事,作为一种获取知识的途径。这样获得的知识就是理解、智慧和权力。这就是人们常提及的:“只有努力寻找的人才能找到;大门只会对叩门的人敞开。”因为只有通过耐心,实践和无止境的追求,人才能进入幸福殿堂的大门。

## 思考对环境的影响

一个人的头脑可以比作一个花园,既可以进行辛勤地耕种,也可以任其荒芜。但无论是精心照料还是弃之不顾,花园都会发出嫩芽。如果没有播撒有用的种子,那么无用的野草的种子将在其中生根发芽,并将不停地蔓延。

园丁用心地照料自己的花园,他要不停地去除杂草,培育鲜花和水果;人也在照管自己头脑的花园,除去所有错误、无用和肮脏的思想之野草,同时仔细地培养正确、有用和纯洁的思想之鲜花与果实。在这样的过程中,一个人迟早会发现他自己是自己灵魂的园丁,是自己生活的导演。他也在自身中找到思想的法则,并越来越清楚地认识到思考的力量和头脑中的元素是如何作用于人,从而造就了自己的性格、环境和命运。

思想与性格其实是一体的。因为性格只能通过它周围的环境表现出来,所以一个人生活的外部条件与他内心的世界是紧密而又和谐地相联系的。这并不是说一个人的环境在任何时候都是他的全部性格的表现,而是说环境因素与思维的一些至关重要的成分之联系是如此地紧密,以至在一定时期,环境因素对于他个人的发展十分重要。

每个人所处的位置是由他自己的存在所决定的。那些深深根植于他的性格中的思想将他引至他现在所处的地方。在生命的安排中,没有任何投机的成分,所发生的都是一种有规律的法则作用的结果。这一点不仅适用于那些对于自己的环境满意的人,也同祥适用于那些感到自己与周围的环境“格格不入”的人。

作为一个进步的和发展的生命,人不仅存在于某一个位置,他还可以学习,还可以成长。当他从周围的环境中学习到了精神知识之后,这种环境就将逝去,让位于其他的环境。

如果人认为自己是外部条件的创造物的话，那么他只会受到外界环境的打击。但是,当他认识到自己是具有创造性的力量,自己能够主宰自己的生命,而外界环境正是从他自己存在的土壤与种子中生长出来的,那么他就真正成了自己的主人。

环境生成于思维,每一个曾经试图控制自我和净化自我的人都清楚这一点,因为:当他进行自我改造的时候,他将会发现,环境的改变与他自己内心世界的改变,这二者之间有着十分精确的联系。当一个人非常急切地修正自己性格中的缺陷,并取得了迅速、显著的进展,那么,体现在外部的变化是:他将在很短的时间内迅速地经历一系列兴衰荣辱。

灵魂既能够吸引它秘密珍藏和它热爱的,同时灵魂也能够吸收它所惧怕的。灵魂既能实现它孜孜以求的理想,却也会堕落到它不纯洁的欲望中去——环境正是灵魂通向自己归路的途径。

在内心播撒的或是偶然落地的每一粒思想之籽都会就地生根,发芽,孕育出自己的生命,开出行动的花朵,结出机遇和环境的果实。美丽的思想结出美丽的果实,丑陋的思想孕育丑陋的果实。

外部世界的形态是随着内心世界里思想的变化来调整自己的形态。无论是一帆风顺的环境,抑或是曲折坎坷的道路,都是塑造一个成熟的人的因素。人是自己播种耘耕的土地的收获者,他从痛苦和快乐中学习。

追随着内心最深处的欲望、理想、思维,所有这些念头都为人所珍藏,从而占据了他的灵魂的全部(可能是追求不纯洁的随心所欲,抑或是坚定不移地探索理想之路),人因此最终达到了他生命里所表现出来的外部形象的成熟与完全。生长与成熟的法则适用于任何地方。

一个人最终在济贫院里了却残生或是身陷囹圄,那绝不是命运或是环境的强行安排,而是他自己卑贱的思想和下流的欲望所导致的结果。一个思想纯洁的人绝对不会因为任何外部的压力而突然堕入犯罪的深渊。犯罪的意念会悄悄地,难以发觉地在内心孕育滋长,并且在特定的时机展现出其长期聚积的能量。环境并不能造就一个人,环境的作用是将人的本性揭示出来。没有邪恶的意念就不会滑入罪恶的深渊,并承受随之而来的折磨;同样,没有坚持不懈地追求崇高的理想,就不可能升华至高尚的境界,享受崇高、纯洁的幸福。因此,人,作为思想的主人和支配者,是自身的制造者,是环境的塑造者和创作者。甚至在刚刚出生时,灵魂就自行成长了;而当灵魂漫游于世间的道路上,在每一步足印中,它都引导各种外部环境的形成,反过来这外部的环境又揭示了灵魂的形象。外部环境是灵魂本身纯或不纯,刚强或是软弱的写照。

人们能吸引到自己身边的不是他们想要的,而是他们自己本身所具有的。他们的心血来潮,异想天开和野心勃勃每时每刻都可能遭遇挫折,但是,他们内心深处的思想和愿望却在自然生长,无论是肮脏还是纯洁。“塑造我们的人生和生命的终极神性”就在我们自己的心里,神性就是我们自己。能束缚人的只有人自己:思想是噩运派来的狱卒——如果有卑贱的思想则人将被它囚禁;他们也是自身遣来的天使——如果有高贵的思想,则人将得到解放。一个人所能够得到的并不是他满怀希望的,或是他日夜祈祷的,而是他应得的。只有当他的祈祷真正与他的思想行动和谐一致时,才能得到回应和满足。

明白了这一真理后,那么,平时人们所说的"与环境抗争"是什么意思呢?这意味着一个人在不屈不挠地反抗着一种来自外部的压力。而同时他却一直在自己内心全力培养和维护着自己的期望。这种期望如何去实现,则应是不断地去修正自己的思想。

人们总是热衷于改善他们的环境,但从不愿意改变他们自己;因此,他们总是处于被束缚的境地。一个勇于进行自我剖析的人在实现自己理想的道路上永远不会失败。这一真理适用于天堂和人间的任何地方。即使一个人惟一的目标仅仅是获得财富,那么他在达到自己的目标之前必须做好充分地准备,准备随时付出巨大的个人代价。如果要想实现一个幸福、圆满的人生,那又将付出多大的代价呢?

假设有一个人贫困潦倒至极。他非常急切地想改善他的生活条件,想拥有舒适的家庭,可他却总是逃避工作,总是觉得自己所得到的酬劳太可怜。因此自己完全有理由欺骗自己的雇主。这样的一个人根本不明白真正的兴旺发达所依据的最简单最基本的原则,他不仅不可能从自己悲惨的处境中解脱出来,而且事实上,他因沉迷于懒惰、欺骗的思想之中,将使自己处于更加悲惨的地步。

假设有一个富人因为贪食的缘故而长期痛苦地忍受疾病的折磨,他愿意花费大量的金钱以摆脱这种疾病,但是他不愿放弃自己贪吃的欲望。他想满足自己对珍馐美食的渴求,同时还想保有自己的健康。这样的人完全不可能享有健康,因为他还没有学到健康人生最基本的原则。

假设有一个雇主采取不正当的手段以逃避支付正常的工资,并且为了牟取更大的利润而克扣工人们的工资。这样的一个人是不可能富裕发达的。当他在名誉和财富两方面都宣告破产时,他会抱怨环境,而丝毫不知道他是自己的处境的惟一制造者。

在此我列举了三个例子,只是为了证明这个真理:人是自己环境的制造者(尽管几乎在大多数情况下人是无意识的)。当一个人致力于实现一个正当的目标时,如果他内心藏有一些与自己的目标格格不入的想法和欲望,那么他自己就在不断地为目标的实现制造障碍。此类事例不胜枚举,但在这里没有必要再作叙述,因为只要读者愿意,完全可以在自己的内心和生活轨迹中寻觅思想法则作用的痕迹。纯粹的外部事实是不足以作为推理的基础的。

但是,外部环境复杂难辨,思想又是深埋于心,而且对于个人而言理想的幸福又各不相同,所以一个人全部的灵魂世界是不可能只从他的生活的外部特征中判断出来的(尽管他本人对于自己的精神世界可能了如指掌)。一个人可能在某些方面诚实优秀,但是却贫困潦倒;一个人可能在某些方面不诚实,但是仍获得了财富。通常人们得出的结论是“失败的人”是因为他诚实的品质,“发达的人”是因为他欺骗的本性,事实上这一结论是一种肤浅的判断。其前提假定是,不诚实的人毫无可取之处,而诚实的人几乎是高尚的完人。以更深刻的知识和更广泛的经验为推理的出发点,你会发现这样的判断是错误的。不诚实的人可能具有一些令人敬慕且为诚实的人所不具备的美德,而诚实的人可能有一些不诚实的人所没有的可悲的缺陷。诚实者因其诚实的思想和行动而获益,同时他也得承受自己的缺陷所带来的痛苦。与此类似,不诚实者也收获他自己的痛苦与幸福。

人们在认识上有一个误区,以为一个人遭受折磨是因为他优良的品德;其实不然,只有当一个人将心中所有肮脏、病态和不纯的思想清除出去,将自己灵魂中每一个邪恶的污点洗刷干净,他才有可能摆脱不幸。在他试图达到那种崇高完美境界的过程中,很快他就会发现伟大的法则在他心中、生活中无处不在。这一法则是绝对公正的,因此绝对不会以善报恶,以恶报善。有了这种知识,当他回首往事想到自己以往的无知和盲目,他就会明白他的生活不但过去是,现在是,而且将来也是公正而有序的。

高尚的思想和行动不会产生坏的结果,卑劣的思想和行动也绝不会产生好的结果。这说到底就是种瓜得瓜,种豆得豆。人们早已了解这一法则在自然界中的作用,且能依其而行,但是很少有人明白它在精神和道德世界中的作用(尽管它在其中的运作像是在自然界中一样简单)。这也就是为什么许多人不懂得依照法则去处理事情的缘故了。

遭受痛苦总是某些错误想法的结果。痛苦总是暗示一个人与自己,与生存的法则有不和谐的地方。痛苦惟一有益的作用是使人纯洁,能销毁生命中无用和肮脏的东西。对于一个纯洁高尚的人来说不存在痛苦与折磨。金子中的杂质被去除以后就没有必要再用烈焰对它进行锤炼,一个完美圣洁而洞察世事的人是不会遭受痛苦的。

一个人遭遇不幸是他的头脑中产生了不和谐的结果。一个人获得幸福也是他自己精神上和谐的结果。幸福,而非物质上的占有,是正确思想的测量尺度;悲凉,而非物质上的困乏,是错误思想的测量标准。一个人可能遭诅咒而很富有;他也可能受祝福却很贫穷。幸福与财富的结合是在财富被正确、明智地使用时真正实现的。而一个贫穷的人,只有当他认为自己的际遇是一种不公正的力量强加在他身上的负担时,他才真正落入了悲惨的境地。

赤贫与放纵是两种极端形式的悲惨,二者都同样违反了自然法则,都是精神世界里的混乱造成的后果。一个人只有在幸福快乐、健康发达时,他才真正地找到了自己正确的位置。幸福、健康与富裕是内心世界与外部环境——是人本身与周围事物相互协调一致、水乳交融的结果。

只有当一个人停止哭诉和咒骂,开始认真地审视自己的内心,他才开始成为一个真正的人;当他开始了解那种具有约束力的因素时,他就不再谴责别人造成他当前的处境,他会进行认真的思考,并在高尚而有力的思想中逐渐成熟强大;他不再反抗环境,而是去利用环境以便取得更快的进展,并试图通过环境在自身中发现隐藏的能量和可能出现的奇迹。

宇宙中具有统治地位的是秩序,而不是混乱。生命的精神与实质是公正,而不是偏颇。在精神领域内,占主导地位的是公正而不是腐败。因为世事如此,所以人只有自身是正确的,才能发现宇宙的奥妙。当人在不断努力完善自身的过程中,他会发现,当他对事对人的想法改变时,事与人对他也会相应地改变。

这一真理的依据能够在每个人的身上找到,所以只要通过系统的反省和自我分析,人就很容易得到此类的证据。假如让一个人迅速地改变自己的想法,最终他会惊诧于他内心的改变所引起的物质生活条件的变化。人们总是以为思想是可以隐藏起来不为人知,而事实并非如此。

思想很快会结晶成习惯,而习惯会因此成为环境。卑贱的思想会形成酗酒、贪色的习惯,这些习惯会形成为充满困乏与疾病的环境。肮脏的思想会结晶成为虚弱无力或混乱不堪的习惯,这继而又形成坎坷、多磨难的环境。恐惧、疑惑和难以决断的思想会结晶成软弱、犹豫、毫无男子气概的习惯,这又会转化成充满失败、懒惰和奴隶般的依赖他人的环境。懒隋的思想会导致不整洁和不诚实的习惯,这会形成肮脏、乞讨的环境。仇恨与诅咒的思想会导致指责他人或喜欢诉诸暴力的习惯,这又会形成伤害和迫害的环境。各种各样自私的思想会形成自私自利的习惯,继而会导致许多困苦凄惨的环境。另一方面,各种各样美丽的思想会结晶出优雅、仁慈的习惯,这些习惯会形成令人愉快、阳光灿烂的环境。纯洁的思想会结晶成节制和自我控制的习惯,这又会形成安静与平和的环境。勇敢、自信与果断的思想能够形成具有男子气概的习惯,继而又导致成功、富足与自由的环境。充满活力的思想会形成整洁与勤奋的习惯,这又形成愉快的环境。温柔、宽容的思想会导致温柔的习惯,继而形成安全、有保护力的环境。博爱、无私的思想会结晶成忘我的习惯,继而形成充满安全可靠的繁荣与真正的财富的环境。

令人沉迷的、特别的思绪,无论是好是坏,必然会对性格与环境造成一定的影响。一个人不能够直接地选择自己所处的环境,但是他能够选择自己的思想,从而间接地,但确实无疑地塑造自己的环境。

正确的思想会帮助每个人、使他最渴望的愿望得到满足,机遇会以最快的速度将善与恶的思想引至表面。

一个人停止他所有罪恶的思想,全世界都将对他变得宽容,都作好准备帮助他,以促使他将自己懦弱、肮脏的思想抛到一边。瞧!机会将随时垂青于他,帮助他坚定自己的决心,并避免滑入悲惨与羞愧。世界是你的万花筒,展现在你眼前的变幻莫测的色彩组合其实正是你随时在变化的思想的图画。

“你会实现心中的愿望,
只有失败的人才去怪可怜的环境。
健康的精神傲然挺立,
在光明中自由飞翔。
“她主宰时间,征服空间;
她降服了机会,那个自高自大的骗子;
并让狂暴的环境俯首称臣,
乖乖地做她的奴隶。
“人类的愿望,无形无影的力量,
永恒的灵魂的孩子,
能够披荆斩棘实现任何目标,
即使中间有铜墙铁壁的阻隔。
“在孤独的时刻不要失去耐心,
而要安静、会心地等待;
当精神飞扬,号令天下时,
诸神都随侍在侧。”

## 思想对健康和身体的影响

身体是思想的奴仆,她服从于思想的指引,无论想法是特意选择或是自动表现的。有罪恶思想的压力,身体会迅速地堕落至疾病与腐朽。有愉快、美好思想的指挥,身体也会受到青春与美丽的祝福。

疾病与健康,像环境一样,深深地根植于思想之中。有缺陷的思想会通过有病的躯体表观出来。众所周知,恐怖的想法杀死一个人的速度不亚于一颗子弹。事实上,这些想法也一直不停地消磨着成千上万人的生命。那些生活在对疾病的恐惧中的人是心理上有疾病的人。焦虑会迅速地侵蚀身体的锐气,从而使身体无法抵御疾病的入侵。不纯洁的思想会很快破坏人的神经系统,即使这些想法并未变成实际行动。

坚强、纯洁和快乐的思想会使身体充满活力与魅力。身体是一种精致可塑的器具,它会非常迅速地对思想作出反应。已成习惯的思想会对身体产生一定影响,可能是好的,也可能是坏的。

只要人怀有不洁的思想,那么,在它的体内就如同流淌着不纯的、有毒的血液。心灵的纯净会带来纯净的生活和纯净的身体;肮脏的心灵会带来肮脏的生活和腐化的身体。思想是行动、生活表现的源泉。如果源头是干净纯洁的,那么,所有的都将是干净纯洁的。

纯净的思想培养纯净的习惯。所谓的圣徒如果不清洗自己的身体,那他就不是圣徒。能够保证思想纯洁、坚强的人没有必要顾忌邪恶的细菌。

如果你想拥有一个完美无缺的身体,请注意你的思想。如果你想使自己的身体焕然如新,请美化你的思想。邪恶、妒嫉、失望、沮丧的想法会夺走身体原有的健康与优雅。不愉快的面容不是偶然得来的,那是不愉快的思想的作品。破坏了美丽线条的皱纹是愚蠢、狂热与傲慢留下的痕迹。

我认识一个年逾90的老妪,她有着少女一样明朗、纯洁的脸庞。我也见过一个未至中年却满脸沧桑的男人。一个是因为其甜蜜、灿烂的性格;另一个是因为长期的狂热与不满足。

如果你的房间里没有自由的空气和阳光,那么你就不可能有一个甜蜜、健康的住所。同样的道理,只有当你的内心总是充满欢乐、美好的愿望和宁静时,你才能拥有强壮的体魄和明朗、快乐或宁静的面容。

在年老的人脸上,有仁慈留下的皱纹,也有坚强、纯洁的思想留下的皱纹,还有些皱纹是狂热刻画的:谁都能区分这些皱纹。对于那些过着正直生活的人来说,即便年老了,也如同柔和、安详的夕阳一样,放射着美丽的光彩。最近我曾见过一位即将离世的哲学家,他周身没有一丝老态,脸庞安详、宁静,他的一生是无愧的。

没有一个医生能够像愉悦的思想一样驱除身体的病痛;没有一个安抚者能够像良好的祝愿和真实的幸福一样赶走悲哀与伤心的阴影。长时期地生活在恶欲、愤世嫉俗、怀疑与妒嫉的思想里,就像是被禁锢在自己建立的牢笼里。但如果能够善意地思考,以愉快的态度对待一切,耐心地去发现生活中的善——这样无私的思想正是天堂的入口。心中怀着平和的思想对待一切事物终将为你带来永恒的安宁。

## 思想与目的

思想与目的联系在一起，便意味着智慧成果的孕育。对于大多数人来说，他们允许思想在生命的海洋上“飘流”，而并不懂这究竟意味着什么。漫无目的是一种过错，后患无穷。

在生命中没有一个中心目标的人，很容易受到一些微不足道的诸如忧虑、恐惧、烦恼和自怜等情绪的困扰。所有这些情绪都是软弱的表现，都将导致无法回避的过错(虽然途径不同)、失败、不幸和失落。因为在一个权力扩张的世界里，软弱是不可能保护自己的。

在一座城里有两个卖报纸的小孩子，雷和风，他们卖的是同一种报纸，因此二人也成为了竞争对手。

雷是一个很勤奋的孩子，他每天都沿着街叫卖，嗓门也响亮，可是每天卖出去的报纸很有限，而且他感觉到卖的数量越来越少。

风同样是一个很勤奋的孩子，但是他很聪明，他比雷肯动脑子。风除了在大街上叫卖以外，他还每天坚持去一些固定场所卖报纸，例如小型市场、商务楼、居住小区等地方。他到了那里，就给大家都发一份报纸。然后等一会儿再去收钱。地方越跑越熟，报纸卖出去的也就越来越多了。

有一天雷遇到了风，就问风：“为什么我们俩都卖一样的报纸，也一样的勤奋，你为什么就能比我卖的报纸多呢？”

风就给雷解释了。

“我们都一样的勤奋，但是我爱动脑，通过我的观察我总结了以下三点看法。一是在一个固定地区，对同一份报纸，客户始终是有限的。买了我的，就不会买你的，我先把报纸发出去，这些拿到报纸的人就不会再买第二份，也就等于我先占领了市场，我发的越多，说明我的市场越大，这样你的客户也就越来越少；二是报纸不像别的消费品，在购买时有复杂的决策过程，人们购买报纸的随机性很大，一般不会因为质量问题而退货。而且报纸的价钱不多，大家不会不给钱，今天他们没有零钱，明天给也行，反正又不会跑掉，就算跑了，我的损失也不大。再说我们只是小孩子，他们也不会为难我们；三是即使一部分客户看了报，退报不给钱，也没有什么关系，卖报纸的没有人不积压报纸，他既然看过报纸了，那么，他也不会再买报纸了，所以这些人也就成了我的潜在客户了。这三点就是我的客户比你的客户越来越多的道理。”

智胜于勇。任何时候，在任何场合，要打败竞争对手，都要充分开动脑筋，走自己独特的道路。

在随身听播放机还没问世时，只有一些体积很大、重量很重的录音机。日本索尼公司的几名音响技术人员出于好奇，于是把公司生产的便携式口述录音机改装成了一台四轨立体声录音机，然后再配上一副普通的耳机，就这样，随身听播放机的前身出来了。

这个消息立即就传到了盛田那里。第二天盛田拿到了那台播放机，但是他觉得这个播放机的个子还是大，而且重量也和之前的播放机差不多，于是他和技术人员说：“我想听音乐，又不愿意妨碍别人，但是也不能一天到晚地坐在音响前不动啊，可是这个东西又太大，太重了。”

技术人员明白了他的意思，于是拿着播放机回去改造了。

那时的日本几乎家家户户都有音响设备，室内有组合音响，汽车里也有收音机。无论是东京还是纽约，到处都可以看见挎着或拎着收录机、单放机播放震耳欲聋音乐的年轻人。

盛田在心里想，如果把这个东西改进成更小更轻的产品，那么，这种新商品一定有销路。他立即将这一想法付诸实践。

他召集工程师们开会，说明用意，开记者会说要开发一种袖珍型单放机。但是,在他主持的开发会议上竟然没有人赞成他的主张。大多数人的理由是“谁也不会买没有录音部分的单放机”。

最后,还是盛田说服了他们，工程师、技术人员在盛田的指示下，几天就把一台很重很大的播放机改装成零件204个，重14盎司的轻型播放机。盛田把这一台立体单放机拿回家中，用来听各种音乐。在床上的时候，他的妻子在旁边也不甘寂寞，于是盛田给了她一只耳机，和她分享快乐。就这样，盛田又让技术人员们制造出两副耳机的单放机。

几天之后，盛田和朋友一起去打高尔夫球。在汽车里，盛田拿出了“瓦克曼”，把一副耳机递给他的朋友。由于两人都戴着耳机在听音乐，因此他们说话，谁也听不见，又不能调节声音，于是盛田又让工程师们安装了可调的麦克风。这样，音量可大可小，两人既可以欣赏音乐，又能够随时交谈。

就这样，这种新型的播放机成功研制出来了，它一上市，果然不出所料，成为了年轻消费者的宠爱之物，并且很快风靡全球。

任何事并非只有一种做法，只要善于发现，有一双发现的眼睛，有一个思考、创新的头脑，那么万事皆会做得更好。

只有思想与目的相联系时,才可能获得智慧的成果。对于大多数人来说,他们允许思想在生命的海洋上“飘流”,而并不懂这究竟意味着什么。漫无目的是一种过错,对于一个不想遭遇灾难和毁灭的人来说,这样的飘流必须终止。

一个人应该在心中树立一个合理的目标,然后着手去实现它。他应把这一目标作为自己思想的中心。这一目标可能是一种精神理想,也可能是一种世俗的追求,这当然取决于他此时的本性。但无论是哪一种目标,他都应将自己思想的力量全部集中于他为自己设定的目标上面。他应把自己的目的当作至高无尚的义务,应该全身心地为它的实现而奋斗,而不允许他的思想因为一些短暂的幻想、渴望和想像而迷路。这是通向自我控制和集中思想的光明大道。即使在他为自己的目标而奋斗的道路上一次次的失败(这对于他来说在所有的软弱被克服之前是很自然的事),但是他愈来愈坚强的性格将是他的真正成功的尺度。这也会为未来的力量与成功创造一个崭新的起点。

那些还没有准备好考虑一个伟大目标的人应该致力于准确无误地完成自己当前的义务,无论这些任务显得多么微不足道。只有通过这种方式,思想才能够被聚焦;果断的性格、充沛的精力才能逐渐地发展起来。当一切都就绪后,世上就再没有无法完成的事了。

人并无怯懦的灵魂,只要了解自己的怯懦,并且坚信这一真理那就是——力量只能通过努力与实践才能得到增长,那么他会立刻将这一真理付诸实践,并通过坚持不懈的努力、坚韧不拔的耐心使自己的力量开始增长,使自己的灵魂不断成熟,最终成长为一个强有力的人。

体质虚弱的人能够通过精心、持久的训练变得强壮;同样道理,思想软弱的人也能通过正确思想的锻炼变得坚强。

抛开漫无目标和怯儒无能,开始为你的人生确定目标,这意味着你将加人强者的行列。在强者眼里,失败是通往成功的必经之路,他们能积极地利用外部条件,努力地思考、无畏地尝试,最终都会取得辉煌的成果。

在确定了自己的人生目标之后,一个人应该在心中标出一条通向成功的笔直的道路,不左顾右盼,而是专心致志。心中所有的疑虑与恐惧都应统统清除。这些杂念只会影响所有的努力,扭曲正确的方向。疑虑、恐惧的想法不会获得任何成就,永远不能,他们总是走向失败。目标、精力、行动的力量和坚强的思想都会因疑惑与恐惧的侵入而受到损害。

渴望行动来自于我们知道我们能够做。疑虑与恐惧是我们了解自己的过程中最大的敌人。在心中放任疑惑与恐惧生长而不是将其扼制的人,即是在成功的道路上为自己设置了障碍,每走一步都会受到牵制、阻挠。

征服了疑虑与恐惧的人就征服了失败。他的每一缕思想都富有了力量,面对所有的困难他都能坦然处之,并运用才智加以克服。他的目标被牢牢地种植在内心深处,它们开花、结果、成熟,而不会过早地夭折、落地。

思想与目标统一在一起时,就成为创造的力量,知道这一点的人时刻准备着成为一个更高尚、更强壮的人,而不会是一个有摇摆不定的思想和变幻莫测的感情的人。实施这一点,你就能成为自己精神力量清醒、明智的支配者。

# 第六章
# 在浮躁与沉寂中选择心境

在这个浮躁的时代，我们的心灵似乎越来越脆弱，既容易变炎为热，也容易心灰意冷。炎热会让心性焦灼，冷漠会让灵魂孤独。为了生活得更随意、更自由、更放松，我们就要学会在浮躁与沉寂中变换心境。

## 控制自己的想法

《庄子》里有一个“佝偻丈人承蜩”的故事。故事说:一日,孔子在楚国林中见一位驼背老人手执长竿粘蝉,十分灵敏,得心应手如同捡拾一般。孔子便问他有何诀窍。老人说他粘蝉时,只想着盯着蝉翅，其他天地万物都置于身外,所以才能如此快捷。孔子得到启发,教育弟子说:“用志不分,乃凝于神,其佝偻丈人之谓乎?”

一位智者说,即使是最弱小的生命,一旦把全部精力集中到一个目标上,也会有所成就。而最强大的生命如果把精力分散开来,最终也将一事无成。

明人赵世显说,再难的事,只要专心致志,即“有志”,就能做成,但如果“分心”,即三心二意,就会失败。再远的路,慢慢走下去,也能到达目的他,为什么要急于求成呢?

清人申居郧说,树枝一动,上面的所有叶子就会跟着乱动。心志一散漫,所有的思虑就都会变成妄想。

两位古人的话都意在说明,成就事业要专心致志、锲而不舍。不能见异思迁,一曝十寒,没有常性。

一个没有目标的水手是可怜的,因为他在茫茫的大海上不知道何去何从,他的生命就在错过一个个成功的口岸后渐渐老去。

你可以长时间卖力工作,创意十足,聪明睿智,才华横溢,屡有洞见,甚至好运连连,可是,如果你无法在创造过程中了解自己的方向是什么,一切都会徒劳无功。

成功、财富以及繁荣的创造中,最重要的元素来自你的内心——你的想法。如同詹姆斯·亚伦在《当人思考时》里面提醒我们的:“坚持着一串特殊的想法,不论是好是坏,都不可能不对性格和环境产生一些影响。人无法直接选择环境,可是他可以选择自己的想法,因此虽然间接却必然会塑造他的环境。”

如果你能够窥探成功男女的内心,你便会发现丰富的正面精力——成功及富裕的想法,而且毫不犹豫。为了创造外在的财富,你必须先创造繁荣的念头。你必须看见自己成功的模样,成功地在心中演绎出你的梦想和抱负。

诱人的是,你很想说服自己,你会变得更肯定,你的想法也会变得更纯粹,更与成功有关。不过,这显然是把马车牵到马的前面。致富的最快、最有把握的方法,就是从内往外。思想具有莫大的力量。使用你的想像力来创造梦想,巨大的转变就会随之而来。

我认识许多各行各业的成功人士,虽然他们各有不同的才华气质、技术、工作道德和专业背景,但却有一个共同点。这条共同的特点就是:他们都觉得自己很成功。他们从未质疑过这个事实:他们无法了解为何有人会质疑自己的伟大程度。他们很难了解别人为何无法成功,因为对他们来说,成功的秘诀很简单:成功源自于心,再转换到物质世界。而不像许多人所相信的,是倒过来的。

成功人士知道,在人生中他们可以控制的一个层面就是他们自己的想法。我们都拥有这项优点。所以就让我们也从那里开始吧!

## 榜样的力量确实伟大

许多成功人士都曾受到各种人的激励。有历史上的伟大领袖,也有在某个特定领域做出过杰出成就的人,甚至有小说和神话中的人物。鼓舞人心的榜样能向你展示什么是可能的,并给你提供非常有价值的动机、力量和希望的源泉。

许多人通过读书找到了自己最初的榜样,有时这些书中人物会成为他们一生的楷模。主持人奥普拉·温弗里的事迹就是这种激励作用的典型例子。奥普拉在童年时代就阅读了男女英雄们的事迹,并将这些故事里的榜样深深铭记在心。后来她说是这些英雄人物为她提供了一扇"开放之门",给了她希望,而且让她重新认识到了自己的潜力。

阿诺德·施瓦辛格在健美杂志上发现了自己的榜样——里格·帕克。在健美界,里格是当时最强壮的人,阿诺德梦想着自己也能拥有像里格那样发达的肌肉。阿诺德尽可能地学习了里格的所有东西,包括他的训练手段、饮食和生活方式。阿诺德知道里格的事情越多,模仿得也就越多,也就越认识到自己也能像里格那样成为健美明星。

另有一些人通过录像或录音带找到了自己的榜样。如帕姆·兰托斯和她的鼓励磁带。而对于史蒂芬·坎内尔来说,他的榜样就是他自己的父亲。

榜样无处不在,形式多种多样。

作家和演说家的克里斯托弗·海格提指出:你可以建立一个你自己的“榜样资料库”。首先选择3到4个能够真正激发你的人。也许他们的梦想和你自己的梦想极其相似,也许他们遇到的障碍也是你最惧怕和担心出现的。尽可能多地学习他们怎样在艰难状况下保持前进的步伐,以及他们是怎样战胜艰难险阻才实现他们的梦想的。找一些这些人的照片,把它们挂在你常常静静地自我反省的地方。如果你没有这样一个地方,那就将照片挂在你的办公室里或其他你能经常看到它们的地方。

## 需要的是一份心情

人在心情不好的时候会不自觉地把坏心情抱得更紧，关门不跟人说话，嘟着嘴生闷气，锁着眉头胡思乱想，结果心情更坏、更难过。所以，人要学习放下心情，拒绝让它折磨自己。

阿尔伯特·霍布代尔是曼彻斯特市格雷大街中学的校工，尽管薪水每周只有5英镑，他工作却十分尽责，总是把校园收拾得干干净净，整整齐齐，因为他觉得：既然自己没有机会读书识字，多干点事，为孩子们提供好的学习环境也是不错的。

不料那一年，他敬佩的老校长退休了，来了一个叫约翰逊的自命不凡的新校长。他上任不久，就宣布全体员工每天必须签到并注明时间。周五，他把考勤簿拿来查看，情况好极了！他满意地正准备把签得密密麻麻的簿子合上时，却发现一处空白，显得很不协调。他立却命人去把那个不服贴的人找来。

“听着，阿尔伯特，我已规定所有员工必须在考勤簿上签到，你知道吗？”

“知道，先生。”

“那么，你签了没有？”

“没有，先生。”

“我一旦订下制度，就意味着每个人必须照办，谁不照办，就得请便——你懂我的意思吗？”

“我懂，先生。”

“那你为什么不签？”

阿尔伯特涨红了脸，半晌不说话，最后只好以实相告：“我签不好，先生。”

“什么？签不好？天啊！下一句话，你该不会说，你不识字吧？”

“确实不识字，先生。”

“太可怕了！简直令人难以置信：一个在教育机构工作的人竟不识字……够了！你知道我这儿不容许低效率，给你一周时间，另谋生路吧！”

“可是，先生，我在这儿已经干了20年，校园里处处整齐干净，从来没有谁挑出我的错儿，为什么要辞退我？再说作为校工……”

“噢，那倒不假。但是，无论如何，堂堂教育机构里，总不能容忍一个文盲员工存在，这是原则。你走吧！”

阿尔伯特走出学校时，天已黑了。他是单身汉，平时生活简单，早餐不用说了，就是中饭，也经常是面包加奶酪，带到学校吃，只是晚上回家才“享受”一下，也不过是泡杯浓茶，加三块方糖，再来一条腌鲱鱼，一小听鲑鱼罐头，外带几片腊肉。而最少不了的，则是一盘炒香肠，它对阿尔伯特来说，不仅是一种佳肴，还有祛病镇疼的功效。因此，在今天这个20年来最倒霉的日子里，他提醒自己一定得买半磅香肠带回家。

猛地，他打了一个冷战——记起自己常去香肠的那家小食品店店主威格丝太太前天死了，店门至今还关着，附近再没有卖香肠的店。

“该死，为什么整个街区没有第二家香肠店呢？”阿尔伯特情绪坏到了极点，直觉得眼前漆黑。倏地，一个念头像闪电一样晃进他的脑子：既然如此，何不自己开一家呢？这些年好歹攒了一些钱，何况现在又失了业……对！就把威格丝太太的店盘过来，作为谋生之路吧！

他兴奋得把失业的烦恼抛到了九霄云外。一星斯后，食品店重新开张，阿尔伯特心想：所香肠做熟再卖不更好吗？于是，他开始加工香肠，并在一大早就把热气腾腾的香肠端出去，正值11月份，天冷又多雾，热香肠诱人的香味，吸引来一批又一批顾客。

为了应付店前“长龙”，阿尔伯特想出了新点子；削制了许多小竹签子，把香肠夹在半切开的面包里，串在竹签子上卖。这种早点经济又方便，一面世就大受欢迎，结果，“长龙”不但没有消失，反而更长了。阿尔伯特一个月内接连雇了两个帮手，仍然忙不过来，顾客把店门都快挤破了。

他灵机一动，雇了一个半大的孩子，让他蹬着三轮车到街头流动出售，这里然减轻了店门前的拥挤，生意也因此做得更大。

随着“霍布代尔香肠”的名声越来越响，他的小吃馆变成了大饭店，还开了两家分店。为了保证货源，他开始自己制作香肠，而不再依赖批发商。

入夏了，这是一个特别炎热的夏天，没有多少人愿意吃热香肠——实际上，任何热食都勾不起人的食欲。何不把香肠做熟晾晾，然后把凉香肠送货上门呢？说干就干！3个孩子一齐出动，蹬着车子穿街走巷，专卖串在竹签上的“面包夹香肠”这个夏秀的销售量竟比冬秀还要多！

以下的蓬勃发展就不用细说了，只须告诉你：自打开店那天起，阿尔伯特就再没怀念过以前的日子。5年以后，任何人到曼彻斯特市，不管大街小巷，都可以看到蹬车叫卖香肠的孩子。又过了几年，就连最繁华的大街上，也有了“霍布代尔香肠店”的分店，而且是产、供、销“一条龙”服务。

随着事业发展，阿尔伯特感到需要新工人的技术水平。他与学区教育委员会联系，申请创建一所“香肠制作技术学校”。

这位实业家的想法得到了学区教委的大力支持，筹备工作进展顺利，双方商定：由学区委派正、副校长，而教师，则主要从高、中级职员和技术工人中选聘。

不久，副校长打来一个电话说：“霍布代尔香肠制作技术学不久即可开学，特请董事长题写校名。”

阿尔伯特哑然失笑，回话说：“副校长先生，真对不起，还是请你们中间哪一位代劳吧，我写不好。”副校长有点不悦，说：“霍布代尔先生，不要推辞了，像您这样卓越有成就的实业家，不是出自‘剑桥’、‘牛津’，就是在国外深造过。生意再忙，写这样几个字还是抽得出时间的吧！”

阿尔伯特只好以实相告：“副校长先生，我真的写不好。说来也许您不相信：10多年前，我还是个老粗——既不会写、也不会谈，就连自己的名字，也是经商以后学会写的。”

副校长几乎不相信自己的耳朵，在电话那头沉默了好一阵。最后说：“霍布代尔先生，您真了不起，在没有受过正规教育的条件下，竟然做出了这样一番的大事业。我想倘若您10年前就能读会写的话，那今天又该是怎样的人呢！”

阿尔伯特放声大笑，毫不在意自己的面子道：“格雷大街中学的校工——一周挣5英镑，先生！”“啊——”电话里传来一声惊呼，原来，那副校长不是别人，正是当年把阿尔伯特赶出校门的约翰逊先生。

所以说，我们想拥有好心情，就得从原有的坏心情中开脱，从烦恼的死胡同中走出来。请注意，肯放下心情的包袱，好好检视清楚，看看哪些是事实，把它留下来。哪些是垃圾，是给自己制造困扰的想法，要狠下心来，把它抛开，这就能应付自如，带来好心情和清醒的头脑。因此，人人都应该学会放下、学会割舍。

## 名利背后的智慧

对待人生万种烦恼，有一种最有效的方法，那就是放下。

要人放下所有一切的执著，毕竟困难，但如果能够洞悉人生“得”与“舍”的真谛，则逆境便会少了许多，顺境必定增加不少。

放下是一种超脱，只要你放下了，人生就会进入另一种境界，会给自己的人生增添很多欢喜。

大瘟疫,死人不计其数。当时的苏州府为了制止瘟疫流行,组织了医局,请当地名医轮流值班,为前来求医的人治病。

有一天,一个农夫来到医局。他全身浮肿,皮肤已呈黄白色。值班医生薛雪为他切脉检查后,认为他已病到晚期,没治了,叫他回去“料理后事”。农夫哭丧着脸出了医局大门,正巧碰上来接班的大夫叶天士,叶天士重新为更夫诊视一遍,发现更夫的病是由于长期使用一种有毒的驱蚊香而引起的。于是,他给更夫开了一副解毒药。更夫服后,不久便痊愈了。

这件事很快传到薛雪的耳朵里。薛雪觉得叶天士是有意贬低别人,抬高自己。两人同住在一条街,名声本不相上下,经常有好事者拿他俩比高低,故此早有嫌隙。薛雪越想越怒,一气之下,将自己的住宅起名为“扫叶庄”。叶天士闻讯后,也不示弱,把自己的书房更名为“踏雪斋”。从此两人不相往来。

几年后,叶天士八十多岁的母亲病了。按病情应服“白虎汤”,但叶天士因担心药力太猛,母亲年老体弱经受不起,所以不敢使用,只是开了几剂药力较缓的药给母亲服用,结果病情总不见好转。

薛雪听说此事后,从侧面了解到叶母的病情,便对别人说:“此病非用白虎汤不可。只要对症下药,药力猛一点怕什么?”有人把这话传给了叶天士。叶天士虚心采纳了这个意见,给母亲服用了“白虎汤”,病果然好了。为这叶天士登门致谢,薛雪说:“医者,贵在救人也,岂可以计私怨乎?”于是二人从此结为好友。

从这个事例可以看出，只要我们能够放下心中的一切，就能进入另外一种境界，毕竟放下的同意词是割舍，单看字面的意思就知道颇为难为，“割”了再“舍”，多难啊！但人生本来就是处处割舍，无处不舍，难舍得舍，来得去得。舍确实有如割肉一样困难，所以往往有人舍是为了更加的得，现今社会，很舍得钱的观念相当普遍，不过“名”、“闲”却永远无法两全，有名的人，多半难有空闲。

## 失败往往始于急躁的心

一天,一个商人在路上捡到一个小包,里面装着3枚金币。正当他为得到这笔意外之财而兴高采烈时,一位散步的人走来,说这包是他掉在这里的,要求归还。商人不以为然,声称:“谁捡到的,就是谁的。”

两人都据理力争,吵个没完,但在不知不觉中两人都自动调换了位置。金币原来的主人说:“既然我已经丢了就丢了吧。”商人则回答:“我是偶然捡到的,这钱不属于我。”这样他们的意见仍完全相反,就又争吵起来,不过彼此却互换了角色。

他们不知如何解决,于是到了法官那儿。法官仔细听取了两人的申诉,作出裁决:“你们谁都愿意让给另一人的金币,那么就由官方没收吧。”法官走了,两人却愣在那儿,仿佛有点后悔。

这时,法官回来了,手里拿着两个小包,说:“你们是这样固执,所以都失去了这笔钱。这给你们一个很好的教训:顽固坚持自己一成不变的想法而不试图理解对方,那就会受到损失。我也同样得到一次教训,那就是你们的慷慨和谦虚所给予我的教育。因此,我要送给你们每人一份礼物。”

他递给每人一个小包,每个包里装着两枚金币。原来,法官为他们添了一枚金币。

每人失去一枚金币,却得到了更多……

有一次佛陀行经一个森林，那一天非常热，而且是日正当中，他觉得口渴，就告诉侍者阿难："我们不久前曾跨过一条小溪，你回去帮我取一些水来。"

阿难回头去找那条小溪，但小溪实在太小了，有一些车子经过，溪水被弄得很污浊，水不能喝了。于是阿难回去告诉佛陀："那小溪的水已变得很脏而不能喝了，请您允许我继续走，我知道有一条河就离这里只有几里路。"

佛陀说："不，你回到同一条小溪那里。"阿难表面遵从，但内心并不服气，他认为水那么脏，只有浪费时间白跑一趟。他走了一半路，又跑回来说："您为什么要坚持？"佛陀不加解释，仍然说："你再去。"阿难只好遵从。

当他再走到那条溪流，那些溪水就像它原来那么清澈、纯净——泥沙已经流走了。阿难笑了，提水跳着舞回来，拜在佛陀脚下说："您给我上了伟大的一课，没有什么东西是永恒的。"

成功往往始于耐心，而失败往往始于急躁。在成与败之间，每个人都应该有一颗空着的心，胜不骄、败不馁。

任何问题都有相应的解决方法，只要运用恰当，会得到事半功倍的效果；相反将会一塌糊涂。

有一次，中国驻纽约总领事离职回国，纽约市商会为总领事设宴饯行，美国汉学家夏德应约担任了那位总领事临别致辞的翻译。在纽约商会和中国领事馆看来，让夏德先生担当此任实在是再恰当不过的。

但是当这位总领事起立致辞时，夏德教授却为之慌慌失措了，因为总领事说的是满口的福州话，他一句也听不懂。事到临头，他当然不能向商会当局临时解释说中国方言太多,他根本听不懂福州话。在一瞬间的局促不安之后,教授情急生智,他竭力做出洗耳恭听的样子,不仅默不作声,而且大做其笔记。当领事演说完毕之后,只见夏氏从容起立,用英语为总领事重新演说一番,一开头他便说,我(总领事)这次离纽约返国,内心里充满了一喜一悲的矛盾。喜的是即将重返祖国与亲朋久别重聚,悲的是与纽约的新交旧识从此握别……夏氏如此这般发挥了一气,说得情文并茂。当夏的“翻译”演说结束的时候,全场热情洋溢,掌声如雷。

## 理智的力量使你沉寂面对一切

“首先控制你自己，然后你才能控制别人”，这曾经是许多领导者的格言。但事实上，控制自己不是件非常容易的事情，因为我们每个人心中永远存在着理智与感情的斗争。

很久以前,为了开辟新的街道,伦敦拆除了许多陈旧的楼房。

然而新路却久久没能开工,旧楼房的废墟晾在那里,任凭日晒雨淋。

有一天,一群自然科学家来到这里,他们发现,在这一片多年未见天日的旧地基上,这些日子里因为接触了春天的阳光雨露,竟长出了一片野花野草。

奇怪的是,其中有一些花草却是在英国从来没有见过的,它们通常只生长在地中海沿岸国家。这些被拆除的楼房,大多都是在古罗马人沿着泰晤士河进攻英国的时候建造的。

这些花草的种子多半就是那个时候被带到了这里,它们被压在沉重的石头砖瓦之下,一年又一年,几乎已经完全丧失了生存的机会。但令人感到意外的是,一旦它们见到阳光,就立刻恢复了勃勃生机,绽开了一朵朵美丽的鲜花。

其实,人的生命也是如此。一个人,不管他经受了多少打击,也不管他经历了多少苦难,一旦爱的阳光照耀在了他的身上,他便能治愈创伤,便能重获希望,便能萌生出新的生机,哪怕是在荒凉恶劣的环境里,也依然能够放射出自己的光和热。

这就是说，如果我们要成为智慧生活的强者，就必须学会自我约束，而自我约束的全部内容内容是：按理智判断行事，克服追求一时感性满足的本能愿望。你将会发现，一个真正具有自我约束力的人，即使在心情不好时，也是能够做到这一点的。

# 第七章
# 观照生命的伦理

曾几何时，我们只把伦理局限于人与人之间，尤其是亲情之间的关系法则。其实，伦理就是一种平衡，它不仅考量人与人之间的关系，也考量人与自然，人与自身之间的冲突。因此，这里我们把生命伦理放在人与自身、人与亲情、人与社会、人与自然乃至人与动物之间的大背景下，进行考量，以求得一种生存理念，如何让人的生命获得质的提升。

## 完全消除需要得到赞许的心理

一位名叫奥齐的中年人,对于现代社会的各种重大问题都有着自己的一套见解,如人工流产、计划生育、中东战争、水门事件、美国政治等等。每当自己的观点受到嘲讽时,他便感到十分沮丧。为了使自己的每一句话和每一个行动都能为每一个人所赞同,他花费了不少心思,他向别人谈起他同岳父的一次谈话。当时,他表示坚决赞成无痛致死法,而当他察觉岳父不满地皱起眉头时,便几乎本能地立即修正了自己的观点:“我刚才是说,一个神智清醒的人如果要求结束其生命,那么倒可以采取这种做法。”奥齐在注意到岳父表示同意时,才稍稍松了一口气。

他在上司面前也谈到自己赞成无痛致死法,然而却遭到强烈的训斥:“你怎么能这样说呢?这难道不是对上帝的亵渎吗?”奥齐实在承受不了这种责备,便马上改变了自己的立场:“……我刚才的意思只不过是说,只有在极为特殊的情况下,如果经正式确认绝症患者在法律上已经死亡,那才可以截断他的输氧管。”最后,奥齐的上司终于点头同意了他的看法,他又一次摆脱了困境。

当他与哥哥谈起自己对无痛致死的看法时,哥哥马上表示同意,这使他长长地出了一口气。

他在社会交往中为了博得他人的欢心,甚至不惜时时改变自己的立场。就个人思维而言,奥齐这个人是不存在的,所存在的仅仅是他人做出的一些偶然性反应;这些反应不仅决定着奥齐的感情,还决定着他的思维和言语。总之,别人希望奥齐怎么样,他就会怎么样。”

现实生活中,这样的人和事也不少。有一个做秘书的,领导让他看一篇报告写得如何。他看过后来汇报,说:“我认为写得还不错。”领导摇了摇头。秘书赶快说:“不过,也有一些问题。”领导又摇摇头。秘书说:“问题也不算大。”领导又摇摇头。秘书说:“问题主要是写得不太好,表述不清楚。”领导又摇摇头。秘书说:“这些问题改改就会更好了。”领导还是摇头。秘书说:“我建议打回这个报告。”这时领导说了:“这新衬衣的领子真不舒服。”

一旦寻求赞许成为一种需要,做到实事求是几乎就不可能了。如果你感到非要受到夸奖不行,并常常做出这种表示,那就没人会与你坦诚相见。同样,你不能明确地阐述自己在生活中的思想与感觉,你会为迎合他人的观点与喜好而放弃你的自我价值。

人在生活中必然会遇到大量反对意见,这是现实,是你为“生活”付出的代价,是一种完全无法避免的现象。

## 不要太在意别人的批评

历史上许多成就卓越的著名人物都被人骂过:美国的国父乔治·华盛顿曾经被人骂作“伪君子”、“大骗子”和“只比谋杀犯好一点”。《独立宣言》的撰写人托马斯·杰费逊曾被人骂道:“如果他成为总统,那么我们就会看见我们的妻子和女儿,成为合法卖淫的牺牲者;我们会大受羞辱,受到严重的损害:我们的自尊和德行都会消失殆尽,使人神共愤。”……这些人非但没有被批评、辱骂所吓倒,反而更加保持乐观和自信的态度,作出了影响深远的成就。

其实,一个人名望或地位越高,骂他的人就越容易从中得到满足。英国国王爱德华八世(即温莎公爵)年轻时在一所海军军官学校读书。有一天,一位海军军官发现年仅14岁的温莎王子在哭,就上前问他什么事情,他开始不肯说,后来迫不得已才说了真话,他被军校的学生踢了。指挥官把所有的学生都召集起来,向他们解释尽管王子没有告状,但他很想知道为什么这些人要这样虐待温莎王子。

这些学生推诿拖延了半天之后,终于承认:等他们将来成了皇家海军的指挥官或舰长的时候,他们希望能够告诉人家,他们曾经踢过国王的屁股。

因此,无论你是被人踢还是被人恶意批评也好,请记住,他们之所以做这种事情,是因为这件事能使他们有一种自以为重要的感觉,这通常也就意味着你已经有所成就,而且值得别人注意。很多人在骂那些教育程度比他们高的人,或者在各方面比他们成功得多的人的时候,都会有一种满足的快感。正如哲学家叔本华说过的那样:“庸俗的人在伟大的错误和愚行中,得到最大快感。”

马修·希拉绪指出:“只要你超群出众,你就一定会受到批评,所以还是趁早习惯的好。”

## 不幸是最好的大学

海伦·凯勒是位全世界都知道的盲人成大事者,她是如何站在信念的天平上的呢?换句话说,当她生理上和生存上开始面临不幸的时候,她是如何成大事的呢?

海伦刚出生时,是个正常的婴儿,能看、能听,也会呀呀学语。可是,一场疾病使她变成既盲又聋的小哑巴——那时她才19个月大。

生理的剧变,令小海伦性情大变,稍不顺心,她便会乱敲乱打,野蛮地用双手抓食物塞入口里;若试图去纠正她,她就会在地上打滚乱嚷乱叫,简直是个十恶不赦的“小暴君”。父母在绝望之余,只好将她送至波士顿的一所盲人学校,特别聘请一位老师照顾她。

所幸的是,小海伦在黑暗的悲剧中遇到了一位伟大的光明天使——安妮·沙莉文女士。沙莉文也是位有着不幸经历的女性。她10岁时,和弟弟两人一起被送进麻省孤儿院,在孤儿院的悲惨生活中长大。由于房间紧缺,幼小的姐弟俩只好住进放置尸体的太平间。在卫生条件极差又贫困的环境中,幼小的弟弟6个月后就夭折了。她也在14岁得了眼疾,几乎失明,后来,她被送到帕金斯盲人学校学习凸字和指语法,便做了海伦的家庭教师。

从此,沙莉文女士与这个蒙受三重痛苦的姑娘的斗争就开始了!洗脸、梳头、用刀叉吃饭都必须一边和她格斗一边教她。固执己见的海伦以哭喊、怪叫等方式全力反抗着严格的教育。然而最终,沙莉文女士究竟如何在一个月的时间就和生活在完全黑暗、绝对沉默世界里的海伦沟通的呢?

答案是这样的:自我成大事者与重塑命运的工具是相同的——信心与爱心。

关于这件事,在海伦·凯勒所著的《我的一生》一书中,有感人肺腑的深刻描写:一位年轻的复明者,没有多少"教学经验",将无比的爱心与惊人的信心,灌注入一位全聋全哑的小女孩身上——先通过潜意识的沟通,靠着身体的接触,为她们的心灵搭起一座桥。接着,自信与自爱在小海伦的心里产生,使她从痛苦的孤独地狱中搭救出来,通过自我奋发,将潜意识那无限能量发挥,步向光明。

就是如此:两人手携手,心连心,用爱心和信心作为"药方",经过一段不足为外人道的挣扎,唤醒了海伦那沉睡的意识力量。一个既聋又哑且盲的少女,初次领悟到语言的喜悦时,那种令人感动的情景;实在难用笔述。海伦曾写道:"在我初次领悟到语言存在的那天晚上,我躺在床上,兴奋不已,那是我第一次希望天亮——我想再没有其他人,可以感觉到我当时的喜悦吧。"

仍然是失明,仍然是瞎眼的海伦,凭着触觉——指尖去代替眼和耳——学会了与外界沟通。她10岁多一点时,名字就已传遍全美,成为残疾人士的模范——一位真正的由弱而成大事者。

1893年5月8日,是海伦最开心的一天,这也是电话发明者贝尔博士值得纪念的一日。贝尔博士这位成大事者在这一日成立了他那著名的国际聋人教育基金会,而为会址奠基的正是13岁的小海伦。

若说小海伦没有自卑感,那是不确切的,也是不公平的。幸运的是她自小就在心底里树起了颠扑不灭的信心,完成了对自卑的超越。

小海伦成名后,并未因此而自满,她继续孜孜不倦地接受教育。1900年,这个20岁的学习了指语法、凸字及发声,并通过这些手段获得超过常人的知识的姑娘,进入了哈佛大学拉德克利夫学院学习。她说出的第一句话是:“我已经不是哑巴了!”她发觉自己的努力没有白费,兴奋异常,不断地重复说:“我已经不是哑巴了!”4年后,她作为世界上第一个受到大学教育的盲聋哑人,以优异的成绩毕业。

海伦不仅学会了说话,还学会了用打字机著书和写稿。她虽然是位盲人,但读过的书却比视力正常的人还多。而且,她著了7册书,比“正常人”更会鉴赏音乐。

海伦的触觉极为敏锐,只需用手指头轻轻地放在对方的唇上,就能知道对方在说什么;把手放在钢琴、小提琴的木质部分,就能“鉴赏”音乐。她能以收音机和音箱的振动来辨明声音,又能够利用手指轻轻地碰触对方的喉咙来“听歌”。

如果你和海伦·凯勒握过手,5年后你们再见面握手时,她也能凭着握手来认出你,知道你是美丽的、强壮的、体弱的、滑稽的、爽朗的,或者是满腹牢骚的人。

这个克服了常人“无法克服”的残疾的“造命人”,其事迹在全世界引起了震惊和赞赏。她大学毕业那年,人们在圣路易博览会上设立了“海伦·凯勒日”:她始终对生命充满信心,充满热忱。她喜欢游泳、划船,以及在森林中骑马。她喜欢下棋和用扑克牌算命;在下雨的日子,就以编织来消磨时间。

海伦·凯勒,身为一个三重残废,她凭着她那坚强的信念,终于战胜自己,体现了自身的价值。她虽然没有发大财,也没有成为政界伟人,但是,她所获得的成就比富人、政客还要大。

第二次大战后,她在欧洲、亚洲、非洲各地巡回演讲,唤起了社会大众对身体残疾者的注意,被《大英百科全书》称颂为有史以来残疾人士中最有成就的由弱而成大事者。美国作家马克·吐温评价说:"19世纪中,最值得一提的人物是拿破仑和海伦·凯勒。"

身受盲聋哑三重痛苦,却能克服它并向全世界投射出光明的海伦·凯勒及其很好的理解者沙莉文女士的成功事迹,说明了什么问题呢?答案是:请学会培养自己成大事的能力!如果没有信心这样做,那么你就无法实现自我。

## 学海无涯乐作舟

成功人士往往把工作当成乐趣。大仲马的写作速度是惊人的。他一生活了68岁,到晚年自称毕生著书1200部。他白天同他作品中的主人公生活在一起,晚上则与一些朋友交往、聊天。

有人问他:“你苦写了一天,第二天怎么仍有精神呢?”

他回答说:“我根本没有苦写过。”

“那是怎么回事呢?”

“我不知道,你去问一棵梅树是怎样生产梅子的吧!”看来大仲马是把写作当作了乐趣,当作了生活的全部。

不仅伟大的人物可以把工作当做生活的全部,平凡的人也完全能够做到这一点,只要他有一个正确的思想。有个美国记者到墨西哥的一个部落采访。这天是个集市日,当地土著人都拿着自己的物产到集市上交易。这位美国记者看见一个老太太在卖柠檬,5美分一个。

老太太的生意显然不太好,一上午也没卖出去几个。这位记者动了恻隐之心,打算把老太太的柠檬全部买下来,以便使她能“高高兴兴地早些回家”。

当他把自己的想法告诉老太太的时候,她的话却使他大吃一惊:“都卖给你?那我下午卖什么?”

卡耐基说:“人生的最大生活价值,就是对工作有兴趣。”做同一件事,有人觉得做得有意义,有人觉得做得没意义,其中有天壤之别。做不感兴趣的事所感觉的痛苦,仿佛置身在地狱中。爱迪生曾说:“在我的一生中,从未感觉在工作,一切都是对我的安慰……”

柯维发现,人们对工作不再兴致勃勃时,就会产生职业倦怠。职业倦怠不是说来就来的,而是由日常工作中的挫折、焦虑、沮丧,日积月累而成。职业倦怠和挫折、焦虑、沮丧的差异在于,后者发生频率较高,时间也持续较长。丧失斗志的你对疾病的抵抗力减弱,睡眠时间相同却老觉得不够,注意力也愈来愈不能集中,到最后干脆放弃尝试,什么也不在乎了,工作变得没有意义;甚至,人生也没有什么价值可言。

想要赶走倦怠而变得兴致勃勃,说的要比做的容易多了。原因在于大多数人觉得为了工作有效率,他们必须有所激励,但是很少有人了解激励与工作表现互为因果。如果你能强迫自己努力工作,而达成一些初期的成功目标后,就会发现工作愈做愈有兴致。

暂时把只会挑毛病的老板、难伺候的顾客、永远办不完的公事、薪资少、工作无聊和没人肯定自己等不快的事丢在一旁。等你恢复工作意愿,更有能力接受挑战时,这些剥夺你信心和自制力的外力,还是会屹立如昔,等待接受你的挑战。

现在你最需要的是重新掌握你的人生,把过去这几个月或几年中耗尽的精力再找回来。

下面是柯维总结的几个有用的方法:

方法一:先挑一个小目标。

最好先挑一个小目标,因为这样成功的机会比较大。事实上,你应该把自己设定在成功的位置上。所以,你的目标应明确,可量化,并能在一定期间内完成。目标的达成可以令你重拾信心,再朝另一个容易达成的小目标前进。

还有,达成目标时,一定要奖励自己(例如:捶捶背、暂停工作、休息一下,或到一家特别的餐厅用餐)。

方法二:控制压力因素。

当动物甚或是人类遇到威胁时,不外有下列两种反应:攻击或逃走。身为职业倦怠的受害者,你已经失去了反击或辞掉工作的动机。一方面觉得无聊、沮丧、懒洋洋;但另一方压力却不断升高。表面看来,你似乎屈服于现状,但在你体内,压力却大肆上升,让你疲惫不堪。

要减少压力,首先须找出焦虑来源,并采取必要步骤,以重新掌握你的人生。

方法三:找朋友帮忙。

你可能不愿意这么做,但是当你产生倦怠时,朋友常能适时伸出援手。找你最信任的朋友,把所有感受和你的复原计划都告诉他们。如果他们真是你的知己,就会提醒你多加运用自己已遗忘的重要特质,来增强你的自信。

他们也可能提出过去处理类似状况的经验,供你参考。如果他们没有提供什么建议,(因为有些人会认为,只要专心倾听就好),不妨开口问他们的意见,你的朋友会觉得受到重视,而你则会有更多意见可以参考,至于你们的友谊,就更加稳固了。

方法四:转移焦点。

许多工作内容都是因主事者而定的,而新人通常被要求依照前人的方式来工作。时时提醒自己,你不是被雇来复制别人的行为,而是来解决问题的。找出问题,看看你是不是能想出不同的解决办法。也许这份工作的弹性比你想像的高；或许你可以把工作变得更符合你自己。

方法五：设定优先顺序。

把你的工作内容全部列成清单,然后把这些工作按:“比较重要”、“重要”、“较不重要”分级。接下来再看看哪些“较不重要”的工作可以删除不做,或授权给更适合的人来做。再将“比较重要”及“重要”的工作分出优先顺序。不要死板地把“比较重要”的工作更为优先,把“重要”的工作摆在后面。开始可以从“比较重要”的工作做起,接下来就可挑一个喜欢的工作来做,而将后者视为完成第一项工作的奖励。

方法六：接受新的责任。

如果工作已经变得无聊,你大概就不再愿意迎接什么挑战了。把因为删除或转移“较不重要”的工作而多出来的时间,拿来从事职责之外或目前没有专人处理的工作。找一些对你有挑战,而且你极有兴趣的责任来承担。不要让别人捷足先登,而且要适时向相关主管展现绩效。

方法七：继续工作。

许多专家议论面临职业倦怠的上班族辞去现有工作,另找一份更适合自己的工作;但是如果你得靠那份薪水养家糊口,就知道这个建议不是那么容易达到了,就算你真的找到另一份工作,也无法保证它一定比目前的工作好。

比较合理、实际、负责的做法是,找出目前这个工作让你产生倦怠的原因。假使问题能加以改善,也许你就不需要另栖良枝了。不过,如果你已经换了另一个工作,那就努力避免类似问题的再度发生吧!

## 好好地挺着

第一次听到这句话时,我正在一家银行贷款。那年,我才18岁,刚接到一所师范大学的录取通知书。那时,父亲正病重,已在床上躺了一年。弟妹还小,正在中学读书。于是,我这个长子便在万般无奈之后捏着村里的证明到区里的银行借钱。

接待我的是个五十多岁,头发花白的老伯。他接过我的证明,略微一看,便抬起头细细地打量我。我心中不由惶惑起来,慌乱之中的我只穿了一条短裤与一件红背心,脚还赤着。良久,他才淡淡地说:“你就是那个才考上大学的?”我轻轻的“嗯”了一声,便低头装着看自己的脚丫。那老伯放下手中的证明,摸着花白的头发在窄窄的室内踱起步来。我慌了,心想,这回准借不到钱,先前我曾听人说过,现在向银行借钱要先给红包再给回扣还要找经济担保人。可是我哪来的钱给红包给回扣找谁做担保?我想伸手去拿回证明,因为我先前已想好:万一借不到钱,我便不去读书而去广东打工,我不相信我不能靠自己的双手来养家。

“别动!”一声轻喝惊了我一跳。老伯慢慢踱过来,轻按我的手。“借多少?”“起码要3000元。”我知道自己的学费要两千元,弟妹俩至少要六百元,便轻轻地说了。“3000元?!能要这么多?”老伯惊疑地看着我。“是的,我三兄妹都读书。”老伯便不再说什么,坐在桌边签写着一张支票。

当我捏着一叠钱正准备走时,那位老伯突然走出来,站在我的面前,目光定定地望着我,手搭在我的肩上,用力摇了摇:“小伙子,千万要好好挺着,以后的日子还很长。”那时,正是八月下旬,天气很闷热。我望着院外火辣的阳光,再看看手中的钱和那位老伯,泪便滚了下来。

进了学校,办理好一切手续后,我便骑着一辆租来的单车吱吱呀呀地在城里转悠了几天。终于找到了两份打工的差事:替人守书摊和当家庭教师。守书摊的摊主是个很和善的老头。他说他已经摆了近十年书摊准备不摆了,可是他听说了我的境遇后便雇了我,说还想再摆几年。我照看书摊很是认真,时间久了,老头便夸我这样的人难得,准会有出息。可是令我伤心的是那个我教的学生的母亲却很刁蛮,不管刮风还是下雨,每次她都要求我准时到达。而且不管自己女儿的底子如何,一定要求我将她女儿的成绩提高到某种程度。她还说拿了钱就得办事,就得办好事。委屈的我在一个雨后的中午与书摊的老头说起这事,老头听了,良久才抬起昏花的眼睛,说:“再忍一忍,挺一挺吧,以后的日子还很长呢!”没想到在这异域他乡,又一个萍水相逢的人对我意味深长地说出这个“挺”字。我不禁泣然,也暗下决心一定要好好挺着。

大二时,父亲的病情慢慢好了起来。这时弟妹也相继接到大学与中专的通知书。那天,又是盛夏,我再次赤着脚冒着火辣辣的太阳去那家银行借钱。其时,我的贷款已达万元,银行的领导不想贷了,让我往别处想办法。我没说什么,我知道我无法可想。我找到了那位曾给我签过借据的老伯。他没说什么,只将我带到银行主任那儿说借给他吧，我担保。我的鼻子一酸,泪再一次流了出来。我知道这万元的巨款若用毕业后那儿百元的工资,就是待到猴年马月也还不清,我更知道届时银行将会对提供担保的人采取一定的措施。但没容我想下去,老伯便牵着我走了。他又一次摇摇我的肩:“小伙子,好好挺着,以后的日子还长呢。”

是的,以后的日子还长,我该好好地挺着。

## 将你的活动和你的生物钟节奏相配合

温杰特睁开了眼睛,才不过清晨五点钟,他便已精神饱满,充满干劲。另一方面,他的太太却把被盖拉高,将面孔埋在枕头底下。

温杰特说:“过去15年来,我们俩简直几乎没有同时起床过。”

像温杰特夫妇这样的情况并非少见。我们的身体像个时钟那样复杂地操作,而且每个人的运转速度也像时钟那样彼此略有不同。温杰特是个上午型的人,而他的太太则要到入夜后才精神最好。

很久以来,行为学家一直认为导致这种差别的原因是个人的怪癖或早年养成的习惯。直到1950年代后期,医生兼生物学家霍尔堡提出了一项称为“时间生物学”的理论,此一见解才受到挑战。霍尔堡医生在哈佛大学实验室中发现某些血细胞的数目并非整天一样,似乎它们从体内抽出的时间不同而定,但这些变化是可以预测的。细胞的数目会在一天中的某个时间比较高,而在12小时之后则比较低。他还发现心脏、新陈代谢率和体温等也有同样的规律。

霍尔堡的解释是,我们体内的各个系统并非永远稳定而无变化地操作,而是有大约一个周期。有时我们会加速,有时会减慢。我们每天只有一段有限的时间是处于效率达到巅峰状态。

霍尔堡把这些身体节奏称为“生理节奏”。

时间生物学的主要研究工作,现在全部由美国太空总署主持。温杰特就是该署的一位研究生理学家,亦是一位生理节奏学权威,据他说,在大多数太空穿梭飞行中,制定太空人的工作程序表时都应用了生理节奏的原理。

这项太空时代的研究工作有许多成果可以在地球上采用。例如,时间生物学家可以告诉你,什么时候进食可以使体重不增反减,一天中哪段时间你最有能力应对最艰苦的挑战,什么时候你抵受疼痛的能力最强而适宜去看牙医,什么时候做运动可以收到最大效果。

## 把精力投入到自己的强项上

渥沦·哈特葛伦博士是一位博学多才的老人,他以前是一所大教堂的牧师,后来退休了。他曾经问过一位年轻人是否了解南非树蛙,年轻人坦白地说:不知道。

博士诚恳地说:“如果你想知道,你可以每天花五分钟的时间阅读相关资料,这样,5年内你就会成为最懂南非树蛙的人,你会成为这一领域中最具权威的人。”

年轻人当时未置可否,但他后来却常常想起博士的这番话,觉得这番话真的道出了许多人生哲理。

我们大多数人都不愿意每天投资5分钟的时间(与5个钟头的时间相比实在是少之又少)努力成为自己理想中的人。

伍迪·艾伦说过,生活中90%的时间只是在混日子。大多数人的生活层次只停留在:为吃饭而吃、为搭公车而搭、为工作而工作、为了回家而回家。他们从一个地方逛到另一个地方,事情做完一件又一件,好像做了很多事,但却很少有时间从事自己真正想完成的目标。就这样,一直到老到死。我猜想很多人临到退休时,才发现自己虚度了大半生,剩余的日子又在病痛中一点一点的流逝。

成功与不成功之间的距离,并不如大多数人想像的是一道巨大的鸿沟。成功与不成功只差别在一些小小的动作:每天花5分钟阅读、多打一个电话、多努力一点、在适当时机的一个表示、表演上多费一点心思、多做一些研究,或在实验室中多试验一次。

在实践理想时,你必须与自己做比较,看看明天有没有比今天更进步——即使只有一点点。

只要再多一点能力;

只要再多敏捷一点;

只要再多准备一点;

只要再多注意一点;

只要再多培养一点精力;

只要再多一点创造力。

通常只有遇到实际的状况后,才能分辨你的能力足不足以胜任那份工作。如果你是一个外科医生,动手术时却手脚笨拙,就说明你医术不佳;如果你是一个厨师,人们无法知道你厨艺好不好,除非你准备了一顿让人食不下咽的餐点,人们才会晓得。

评断你能力的最佳裁判不是你的老师、消费者或你的朋友——而是你自己!

在行动之前你自己就知道你是否足以胜任这一个任务。你可以想尽办法掩饰你的无能,并祈祷没有人会发现你知道的很少、动作多么地不熟练。但终究你还是得面对自己的无能,也必须自己想办法修正。

没有任何借口可以解释你为什么长时间仍然无法胜任一项工作。第一天你可能什么都不知道,第二天你应该懂点什么。第一次尝试一份工作,你可能没办法表现得很完美,但经过一两天的练习,你应该要比第一天做得更好。

别人可能也无法真正断言你是不是一个诚实的人——在实际的表现之前。只有你自己才知道自己的动机或企图;只有你自己才知道你诚不诚实、值不值得信赖;只有你自己才知道你提供的交易公不公平。

人们通常了解他们自己是不是欺骗了他人,如果自己连这点都不知道,就已经成为病态的骗子,行为上也会有严重的偏差。

不论你想追求的是什么,你必须强迫自己增强能力以实现目标。

这就需要钻研自己的领域,认真地研读、仔细地观看、专心地聆听这行中顶尖的人的言行举止,并效法他们的作为。

勤加练习、勤加练习、最后还是勤加练习!决不放弃学习,而且一定要将学到的知识运用于日常生活中。

保持与这一领域的最新发明、最先进技术和最新研究的资讯渠道畅通。参加新的发表会、展示会、讨论会或其他各种集会。敏锐地观察相关的新趋势、新发现,你会为从中发觉新的可能而感到兴奋,这表示你可能已基于过去的努力而为未来发现了新的方向。你将会越来越杰出。

## 不必为完美所累

人生的确有许多不完美之处，每个人都会有这样或那样的缺憾。其实，没有缺憾我们便无法去衡量完美。仔细想想，缺憾不也是一种完美吗?

就像建造房子一样，如果基础的质量差，那么无论你在其他部分花多少钱，花多少工夫，都无济于事。更糟糕的是你会慢慢开始对你的房子不满意。

选择一份不好的职业，你也会慢慢地变得不喜欢它。为什么只有很少的人喜欢自己的工作呢？就因为他们没有坚持自己的选择。

你父母是否对你说过，你应该上大学，选择一个能提高你社会地位的职业？也许，他们并没有说得那么明确，但终归是要表达这个意思。他们认为，适合于一位大学毕业生的工作应当是每天都穿着西装领带上班。

因此，有不少的年轻人因为不假思索地模仿他们卓有成就的父母而成为平庸的员工。美国的大学毕业生中有42.3%的人是学法律的，这难道不是荒谬的吗?

菲尔强森的父亲开了一家洗衣店，他把儿子叫到店中工作，希望他将来能接管这家洗衣店。但菲尔痛恨洗衣店的工作，所以懒懒散散，提不起精神，只做些不得不做的工作，其他工作则一概不管。有时候，他干脆“缺席”了。他父亲十分伤心，认为养了一个没有野心并不求上进的儿子，使他在员工面前深觉丢脸。

有一天，菲尔告诉他父亲，他希望做个机械工人——到一家机械厂工作。什么？一切又从头开始？这位老人十分惊讶，也十分不理解。

不过，菲尔还是坚持自己的意见。他穿上油腻的粗布工作服工作，他从事比洗衣店更为辛苦的工作，工作的时间更长，但他竟然快乐得在工作中吹起口哨来。他选修工程学课程，研究引擎，装置机械。

而当他一九四四年去世时，已是波音飞机公司的总裁，并且制造出“空中飞行堡垒”轰炸机，帮助盟国军队赢得了世界大战。如果他当年留在洗衣店不走，他和洗衣店——尤其是在他父亲死后究竟会变成什么样子呢？根据菲尔当时的状态来说，整个洗衣店不是惨淡经营，就会面临破产。

即使会引起家庭纠纷，但卡耐基仍然奉劝年轻朋友们：不要只因为你家人希望你那么做，就勉强从事某一行业。不要贸然从事某一行业，除非你喜欢。不过，你仍然要仔细考虑父母给你的劝告。他们的年纪可能比你大一倍。他们已获得那种惟有从众多经验及过去岁月中才能得到的智慧。但是，到了最后分析时，你自己必须作最后决定。将来工作时，体会快乐或悲哀的是你自己。

现在向你提供下述建议，以便你选择工作时作参考：

1、阅读并研究下列关于选择一位职业辅导员的建议。这些建议是最权威人士提供的，由美国最成功的一位职业指导专家基森教授所拟定。

（1）如果有人告诉你，他有一套神奇的制度，可指示出你的“职业倾向”，千万不要找他。这些人包括摸骨家、星相家、“个性分析家”、笔迹分析家。他们的法子不灵。

（2）不要听信那些说他们可以给你做一番测验，然后指出你该选择哪种职业的人。

这种人根本违背了职业辅导员的基本原则，职业辅导员必然考虑被辅导人的健康、社会、经济等各种情况；同时他还应该提供就业机会的具体资料。

（3）找一位拥有丰富的职业资料藏书的职业辅导员，并在辅导期间妥为利用这些资料和书籍。

（4）完全的就业辅导服务通常要面谈二次以上。

（5）绝对不要接受函授就业辅导。

2、避免选择那些原已拥挤的职业和事业。在美国，谋生的方法共有二万多种以上。

但年轻人可知道这一点？除非他们雇一位占卜师的透视水晶球，否则他们是不知道。结果呢？

在一所学校内，三分之二的男孩子选择了五种职业——二万种职业中的五项——而五分之四的女孩子也是一样。难怪少数的事业和职业会人满为患，难怪白领阶级之间会产生不安全感、忧虑和“焦急性的精神病”。特别注意，如果你要进入法律、新闻、广播、电影以及“光荣职业”等这些已经过分人满为患的圈子内，必须要费一番大功夫。

3、避免选择那些维生机会只有十分之一的行业。例如，兜售人寿保险。每年有数以千计的人——经常是失业者——事先未打听清楚，就开始贸然兜售人寿保险。根据费城房地产信托大楼的佛克林比特格先生的叙述，以下就是此行业之真实情形。在过去二十年里，比特格先生一直是美国最杰出而成功的人寿保险推销员之一。他指出，百分之九十首次兜售人寿保险的人又伤心又沮丧，结果在一年内纷纷放弃。至于留下来的，十人当中的一人可以卖出十人 的销售总数的百分之九十，另外九个人只能卖出百分之十的保险。换个方式来说：如果你兜售人寿保险，那你在一年内放弃而退出的机会比例为九比一；留下来的机会只有十分之一。即使你留下来了，成功的机会也只有百分之一而已，否则你仅能勉强糊口。

4、在你决定投入某一项职业之前，先花几个星期的时间，对该项工作做全盘性的认识。如何才能达到这个目的？你可以和那些已在这一行业中干过十年、二十年或三十年的人士面谈。

这些会谈对你的将来可能有极深的影响。卡耐基从自己的经验中了解这一点。他在二十几岁时，向两位老人请教职业上的指导。现在回想起来，可以清楚地发现那两次会谈是他生命中的转折点。事实上，如果没有那两次会谈，他的一生将会变成什么样子，实在是难以想象。

你如何获得这些职业指导会谈呢？为了便于说明，姑且假设你正打算作一名建筑师，在你作最后决定之前，你应该花几个星期的时间，去拜访你城里和附近城市的建筑师。

你可以从电话簿的分类栏里，找出他们的姓名和住址。不管有没有预先约定，你都可以打电话到他们的办公室。如果你希望订个见面时间，可以写信给他们，内容大致如下：

能否麻烦你帮个小忙？我希望能接受您的指导，我现年十八岁，正考虑学习作一名建筑师。在我作最后决定之前，很希望向您讨教。

如果您太忙，无法在办公室接见我，而愿意赐我半小时的时间在您家中接见我，那我将感激不尽。

以下就是我想向您请教的问题：

（1）如果您的生命再从头开始，您可愿意再做一名建筑师？

（2）在您仔细打量我之后，我想请问您，您是否认为我具有成为一名成功建筑师的条件？

（3）建筑师这一行业是否已人满为患？

（4）如果我学习四年的建筑学课程，要找工作是否困难？

我应该首先接受哪一类的工作？

（5）如果我的能力属于中等，在头五年当中，我可能赚多少钱？

（6）当一名建筑师，有什么好处和坏处？

（7）如果我是您儿子，您愿意鼓励我当一名建筑师吗？

如果你很害羞，不敢单独会见“大人物”，这儿有两项建议，可以帮助你。

第一，找一个和你同年龄的小伙子一起去。你们彼此可以增加对方的信心。如果你找不到跟你同年龄的人，你可请求你父亲和你一同前往。

第二、记住，你向某人请教，等于是给他荣誉。对于你的请求，他会有一种被奉承的感觉。成年人一向是很喜欢向年轻男女提出忠告的，你所求教的建筑师将会很高兴接受这次访问。

如果你不愿写信要求约会，那么不须约定，就可直接到那人的办公室去，对他说，如果他能向你提供一些指导，你将万分感激。

假设你拜访了五位建筑师，而他们都太忙了，无暇接见你（这种情形不多），那么你再去拜访另外五个。他们之中总会有人接见你，向你提供宝贵的意见。这些意见也许可以使你免去多年的迷失和伤心。

记住，你是在从事你生命中最重要且影响最深远的两项决定中的一项。因此，在你采取行动之前，多花点时间探求事实真相。如果你不这样做，在下半辈子中，你可能后悔不已。

如果能力许可，你可以付钱给对方，补偿他半小时的时间和忠告。

5、克服“你只适合一项职业”的错误观念。每个正常的人，都可在多项职业上成功，与此相对，每个正常的人，也可能在多项职业上失败。卡耐基以自己为例，如果自己研习并准备从事下述各项职业，相信成功的机会一定很多，对于所从事的工作，也一定能深感愉快。这一类的工作包括：农艺、果树栽培、科学农业、医药、销售、广告、报纸编辑、教书、林业。另一方面，相信下述的工作，一定不喜欢，而且也会失败：簿记、会计、工程、经营旅馆和工厂、建筑、机械事物以及其他数百项活动。

谢尔·西尔弗斯坦在《丢失的那块儿》里讲过这样一个故事:一个圆环被切掉了一块,圆环想使自己重新完整起来,于是就到处去寻找丢失的那块儿。可是由于它不完整,因此滚得很慢,它欣赏路边的花儿,它与虫儿聊天,它享受阳光。它发现了许多不同的小块儿,可没有一块适合它。于是它继续寻找着。

终于有一天,圆环找到了非常适合的小块,它高兴极了,将那小块装上,然后又滚了起来,它终于成为完美的圆环了。它能够滚得很快,以致无暇注意花儿或和虫儿聊天。当它发现飞快的滚动使它的世界再也不像以前那样时,它停住了,把那一小块又放回到路边。缓慢地向前滚去。

人生的确有许多不完美之处,每个人都会有这样或那样的缺憾。其实,没有缺憾我们便无法去衡量完美。仔细想想,缺憾不也是一种完美吗?

著名的音乐家托马斯·杰斐逊其貌不扬,他在向妻子玛莎求婚时,还有两位情敌也在追求玛莎。一个星期天,杰斐逊的两个情敌在玛莎的家门口碰上了,于是,他们准备联合起来,羞辱杰斐逊。可是,这时门里传来优美的小提琴声,还有一个甜美的声音在伴唱。如水的乐曲在房屋周遭流淌着,两个情敌此时竟然没有勇气去推玛莎家的门,他们心照不宣地走了,再也没有回来过。

杰斐逊并不完美,也不出众,但是他有了小提琴和音乐才华,就不可战胜了。

对于每个人来讲,不完美是客观存在的,无须怨天尤人,在羡慕别人的同时,不妨想想,怎样才能走出误区。或用善良美化,或用知识充实,或用自己的一技之长发展自己……生命的可贵之处,在于看到自己的不足之处后,能坦然面对。

人生就是充满缺陷的旅程。从哲学的意义上讲,人类永远不满足于自己的思维、自己的生存环境、自己的生活水准。这就决定了人类不断创造、追求,从简单的发明到航天飞机,从简单的词汇到庞大的思想体系。没有缺陷,产品便不会一代代更新。没有缺陷就意味着圆满,绝对的圆满便意味着没有希望,没有追求,便意味着停滞。

生活不可能完美无缺,也正因为有了残缺,我们才有梦,才有希望。当我们为梦想和希望而付出我们的努力时,我们就已经拥有了一个完整的自我。

# 第八章
# 选择纯真的感情

爱情，仿佛一支美妙的协奏曲，在青春的动人时刻悄然而至。然而，很多人却因自己的不解风情和缺乏技巧，破坏了本应和谐上演的音符。由于有些人不懂求爱的技巧幽默感，又自作聪明，粗枝大叶，羞于表达，不会来点甜言蜜语，使得爱神与之擦肩而过……而情场失意只有退回到被人遗忘的角落，黯然神伤。

## 如何选择感情

感情是柔软的，但它却蕴含一种内在的选择。

谁说喜欢一样东西就一定要得到它？有时候，有些人，为了得到他喜欢的东西，殚精竭虑，费尽心机，更有甚者，可能会不择手段，以致走向极端。也许他得到了他喜欢的东西，但是在他追逐的过程中，失去的东西也无法计算，他付出的代价是其得到的东西所无法弥补的。也许那代价是沉重的，是我们无法承受的，直到最后，他才发现，其实喜欢一样东西，不一定要得到它。真正的爱情不是占有，而是无私地付出，是时刻为对方着想。

这是一个现代都市里的浪漫爱情故事。他得了绝症，她辞掉了自己的工作，专心在医院里照顾他。他们纯洁的恋情打动了所有的人。整整两年，他们的病友换了一个又一个，有的康复出院，有的进了太平间。而小伙子的病情不见好转也不见恶化。

终于有一天，医生告诉他们一个沉痛的消息：小伙子的生命挺不过这一周了。女孩儿痛哭失声，小伙子却长舒了一口气。报社的记者们知道了这个感人的故事也匆忙赶来了。

记者们提出给两个人拍一张照，女孩儿拢了拢自己的头发，准备配合记者拍照，小伙子却拦住了："还是不要拍了吧？""为什么？""将来她还要嫁人呢！我不想影响她以后正常的生活。"她扑进他怀里失声痛哭。第二天报纸上登出的是女孩的侧面照，一张美丽得让人心碎的侧影。喜欢一样东西，就要学会欣赏它，珍惜它，使它更弥足珍贵。喜欢一个人，就要让他快乐，让他幸福，使那份感情更诚挚。

一位父亲聊他儿子目前的状况，他的儿子才18岁，却理直气壮地告诉父亲他爱上了一个女孩，甚至可以为那个女孩而放弃上大学继续深造的机会。父亲说，他的心当时真的被揪紧了。父亲告诉他儿子："男子汉要有责任心，你爱她，但你有能力对她的将来负责吗？知道吗？有时正因为爱，所以才要放弃。不适时的爱有时会成为一种伤害。"

男孩的执著和忠贞以及血气方刚令我们感动，但爱情有许多现实因素的干扰，站在青春的门口你要学会理智。学会放弃吧。学会放弃，在落泪以前转身离去，留下简单的背影；学会放弃，将昨天埋在心底，留下最美的回忆；学会放弃，让彼此都能有个更轻松的开始，遍体鳞伤的爱并不一定就刻骨铭心。这一程，情深缘浅，走到今天，已经不容易，轻轻地抽出手，说声再见，真的很感谢，这一路上有你。

曾说过爱你的，今天，仍是爱你，只是，爱你，却不能与你在一起。一如爱那原野的火百合，爱它，却不能携它归去。渴望得太多，反而会有许多的烦恼。

感情的选择在于能近能远，拿捏适度。对朋友像春天般的温暖，说的是对友人情感的选择；对敌人像秋风扫落叶一样残酷无情，说的是对敌人情感的选择，这是感情选择的两极。而对于一般人来说，情感的选择就在于真与假之间，厚与薄之间，热与冷之间。俗话说，做人无小事。大智若愚、雪中送炭、难得糊涂都是做人的智慧。在彼此交往中，别人有难时相助一把，“雪中送炭”，虽是小节，但被助之人怎么会不铭记在心呢？所以做人、办事，助人便是助己，爱人便是爱己。反之，如果行动言语傲慢，自以为小节无碍，其实已蹈失败覆辙，我们能不警惕吗？

其实，生活并不需要这些无谓的执著，没有什么真的不能割舍。

在爱情旅程中，不会总是艳阳高照、鲜花盛开，也同样有夏暑冬寒、风霜雪雨。有时，你需要学会放手，只有放开了双手，给自己和对方以自由，才能让双方更加的轻松、快乐。放开手，你就会发现，久违的幸福其实就在你的身边。

## 抓不住爱情

爱，是最美、最自然的感情。恋爱，仿佛是在弹奏一支奏鸣曲，要按拍子、按轻重来演奏。然而却总有人把踏板踏住破坏了一切美感和乐感。由于不解风情和不懂得恋爱技巧，他们在爱之路上黯然神伤。

生活中人们有时反应迟钝,对微妙的情愫不敏感,常常与爱情擦肩而过。

本来,摸准对方的心思就不是一件容易的事。由于复杂的心理、生理和社会的各种因素,各人有不同的性格,有自己特有的感情表达方式。对种种“爱的信息”的选择、捕捉、识别十分困难和复杂,但爱情确实是可以感知的,并且多半是靠直觉。

眼睛是心灵的窗户。恋爱中的姑娘与小伙子是没有秘密的,他们眼中那奇异而多彩的光芒是会泄露一切的。人们都有这种感觉,恋爱中的女子,即使相貌平平,在那段时间,都变得分外美丽,眼波流转,光彩四射。爱情的生发就是具有这般魔力。当意中人出现的时候,她的目光总是不由自主地被吸引过去,她既渴望他发现她的凝视,又怕与他目光相接。在集会的场合,她的目光从人头攒动的缝隙处凝视他；在工作间隙,她的眼光总是追随着他的一举一动。如果总有一双灵动的眼睛在注视你,你可别装作没发现,这是她自己都未必意识到的爱的信息。

在她对你产生爱慕之心后,总希望自己的言谈举止能引起你的注意,总是千方百计地寻找接近你的机会,总会想方设法地了解你的事情。她是否经常与你不期而遇,与你谈天说地或只是默默地陪伴你走一段路程?她是不是常常问起你的家庭情况,让你讲述你的过去,描画未来的蓝图?她的兴趣爱好是不是忽然发生很大改变,以你的兴趣为兴趣,主动“补课”?她是不是常向你谈起自己的童年,给你看儿时的照片,讲从前的朋友,告诉你自己家里的情况? 她是不是对你格外关心,总是悄悄地给你出人意料的帮助?如果是,那就说明她已经钟情于你。

被异性爱慕的信息是千变万化的,不能只根据一两种现象就做出判定并采取行动,应该尽可能地用更多的异常现象互相印证。如果一时拿不准,可以有意识地做一些试探性的举动,不要急于表白。

需要注意的是,当你自己爱上某人时,常常对别人的言行过于敏感,错以为别人对自己有“意思”,其实根本没这回事。这时的你,只是在单相思罢了。

## 不懂幽默，芳心难求

求爱是一种特殊的爱的信息交流，必须具备起码的前提条件。如果你不讲求爱的方法和技巧，直来直去地贸然向人家求爱，结果会碰一鼻子灰。

胡朋是一个老实人,他爱上了同事莹莹,他觉得莹莹对自己也有那种意思,只是拿不准。因为这事,他神魂颠倒,茶饭不香。一天,他决心向莹莹求爱,管它成不成,至少心理踏实点,免得老是这样探不到底。刚巧,他从办公室出去办事时,在走廊里碰见了莹莹。胡朋心里一冲动,说:“莹莹,你过来一下,我有话跟你说。”莹莹走过来,问:“什么事?”“我爱你!你愿意跟我交朋友吗？”莹莹毫无思想准备,大惊失色,啐道:“神经病！”说完,匆匆而去。胡朋受此打击,不要说求爱,连莹莹的面都不敢见了。

马克思曾经说过:“在我看来,真正的爱情是表现在恋人对他的偶像采取含蓄、谦恭甚至羞涩的态度。”含而不露的表白方式,是指用不包含“爱”的语言,表达“爱”的情感。这种方式适合于双方早已认识,并且有了较多的了解,而对方又是有一定文化教养且性格内向的人。由于这种方式发出的信息比较模糊,即使对方拒绝,也不至于难堪。

正如劳伦斯所说，世俗生活中最有价值的就是幽默感。作为世俗生活的一部分，爱情生活也需要幽默感，如果不知幽默为何物，可能会在情场上连连失意，难获美人芳心。

在社会生活中,幽默是无处不在的。幽默是语言的润滑剂,如果你善于灵活运用,必将为你的生活带来无穷的乐趣。

谈情说爱亦是如此。

柳表姑娘交上了一位胆怯、寡言的男朋友,他的名字叫夏雨。他常去找她,很想接近她,但又没有勇气向她求爱。柳青喜欢他的诚实,但又清楚地知道他的弱点。

一个月牙儿当空的夜晚,万籁俱寂,他和她在小河边的柳树下坐着。为了打破僵局,柳青想法子要给他一个亲近的机会。

柳青说:“有人说,男子的手臂的长等于女子的腰围。你相信不?”

夏雨说:“你要不要找根绳子来比比看?”

“谁要你找绳子!”柳青生气地责怪。

“你不是要量腰围吗?”夏雨不解地问。

这个夏雨,也确实太老实巴交了,连姑娘示爱的话都听不出来。

爱情不是一颗心对另一颗心的敲打,而是两颗心的相撞。

但是,若要撞击出火花,必须借助于语言。

谈情说爱,重在一个“谈”字。“谈”得好才能达到喜结良缘的目的;“谈”得不好,就只能桥归桥、路归路了。

可见,说话技巧在恋爱交往中有举足轻重的作用。而语言的幽默能增添你的魅力,促使你恋爱成功。

无数的事实证明,男女之间互相怀有好感,长出了感情的幼芽,但如何使它健康地生长,直至开出花朵,结出果实,很多人却不得其门。浇灌爱情之树,语言之水是其中一个重要的因素。

如果你有良好的口才素养,你就能更好地掌握爱情儿个阶段的“火候”。如果你能发挥幽默的力量,就更能使你的爱情语言妙趣横生。进展顺利时需要甜言蜜语,磕磕碰碰时开个玩笑,化干戈为玉帛,和好后感情会胜过当初。假如口才素养低下,有“情”不能谈,有“爱”不能表,久而久之,已萌发幼芽的爱情便会枯萎。

对于一对恋人来说,双方之间的默契和幽默具有一种特殊的作用:它使双方在片刻之中发现许多共同的美好的事物——从前的、现在的、将来的,从而使时间和空间暂时消失,只留下美好、欢乐的感觉。

可以这么说,如果爱没有幽默和笑,那么爱有什么意义呢?

甚至有人说,爱就是从幽默开始。

幽默的求爱、求婚方式,似乎更有魅力,更富于使人心动的浪漫情趣。

富兰克林1774年丧偶,1780年在巴黎居住时,向他的邻居——一位迷人而有教养的富孀艾尔维斯太太求婚。富兰克林在情书中说,他见到了自己的太太和艾尔维斯太太的亡夫在阴间结了婚。接下来,他继续写道;“我们来替自己报仇雪恨吧。”

这封情书被誉为文学的杰作、幽默的精品。

有一位男青年在给女友的信中说:“昨夜,我梦见自己向你求婚了,你怎么看呢?”

他的女友巧妙地回答:“这只能表明你睡眠时比醒着时更有感情。”

写情书,特别是第一封情书,不论你的感情沸腾到什么程度,都不要直来直去说“我爱你”。这是拙劣的表示,即使不会引起对方的厌恶,至少也会被人认为缺乏修养。

一位姑娘说,她的男朋友给她的一封信中,只写了短短几句话:“我中箭了,是丘比特的金箭;祈求你同样中箭,不是铜箭,而是金箭。”

传说被爱神丘比特金箭同时射中的一对男女便能缔结良缘。如果一方中了金箭,另一方中了铜箭,那中金箭的一方便只能“单相思”。这小伙子正是巧妙地运用了神话,给姑娘以良好的“第一印象”。

在某航空俱乐部的一次聚会上,一位漂亮的空中小姐身着晚会装,胸部半裸,颈上系着一个闪闪发光的金色小飞机垂饰。

一位腼腆的青年空军军官,看到女孩子白皙、丰满的胸部,便难为情地低下了头。

这时,这位魅力四射的女孩子温柔沉静地问他说:“你喜欢这个金色小飞机吗?”

空军军官只说了一句话,话声虽低但很清楚:“飞机非常漂亮,可更漂亮的是……”漂亮的女孩子看了看垂饰,这时,空军军官最后鼓起勇气说:“更漂亮的是机场……”

顿时,女孩子开心地笑了。

这句话使她感到意外,因为他并没有说:“漂亮的是你的胸部。”这样表述就俗不可耐了,而是暗示她说:“更漂亮的是机场……”幽默终于使他们相互深深地吸引。

爱情的表达本无定式,直率与含蓄各有利弊。但是大家都认为以含蓄为宜,一是可以使话语具有弹性,不至于由于对方拒绝就不能挽回局面;二是符合恋爱时的羞怯心理。

正是由于这样,幽默作为一种含蓄的语言形式,人们乐于用它在恋爱生活中表达爱的情感,使人在欢笑中体会到彼此的爱。

幽默是一种特有的品质,一旦形成便能长期保持不变。在恋爱中,善于幽对方一默,便会产生“四两拨千斤”、举重若轻的威力。

## 爱在细小处失去

女孩大多喜欢男性从细微之处给予关照，聪明的男子善于把握异性的这一心理趋向，便容易击中女孩心中柔软的触角，赢得美人欢心。

如果缺乏细腻,在家庭生活中常会忽视一些细小方面的体贴,爱就会在这些小小的地方失去。

自古以来,花是爱情的象征,向自己的爱人送上一束鲜花,会讨得爱人的喜爱。不必花费多少钱,在花季的时候尤其便宜,而且常常就有人在街角贩卖。但是从一般丈夫买一束水仙花回家的情形之少来看,你或许会认为它们像兰花那样贵,或像长在耸入云霄的阿尔卑斯山峭壁上的薄云草那样难以买到。

芝加哥的约瑟夫·沙巴斯法官曾处理过4万件婚姻冲突的案子,并使2000对夫妇和好。他说:“大部分的夫妇不和,并不是很重要的事引起的,大都是一些细微的事情没有处理好。因此,当丈夫离家上班的时候,太太向他挥手道别,可能就会使许多夫妇免于离婚。”

劳勃·布朗宁和伊丽莎白·巴瑞特·布朗宁的婚姻,可能是有史以来最美妙的了。劳勃·布朗宁永远不会忙得忘记在一些小地方赞美和照顾太太,以此来增加爱情的深度。他如此体贴地照顾他残废的太太,以至于有一次她在给姐妹们的信中这样写着:现在我自然地开始觉得我或许真的是一位天使。”

太多的男人低估了在这些平常而细微的事情上表示体贴的重要性。正如盖诺·麦道斯在《评纶画报》中的一篇文章所说的:“美国家庭真需要弄一些新噱头。例如,在床上吃早饭,其实是大多数女人喜欢放纵一下的事情。在床上吃早饭,对于女人,就像私人俱乐部对于男人一样,会收到奇特的效果。”

人们一生的婚姻史就像串在一起的念珠。忽视婚姻中所发生的小事,夫妇之间就会不和。艾德娜·圣·文生·米蕾在她一首小小的押韵诗中说得好:并不是失去的爱破坏我美好的时光,但爱的失去,都是在小小的地方。

在雷诺有好几个法院,一个星期有6天为人办理结婚和离婚,而每有10对来结婚,就有一对来离婚。这些婚姻的破灭,你想究竟有多少是由于真正的悲剧引起的呢?其实,真是少之又少的。假如你能够从早到晚坐在那里,听听那些不快乐的丈夫和妻子所说的话,你就会知道“爱的失去,全都是一些细节问题所造成的”。

如果你想维护幸福快乐的家庭生活,就要注意一些细节问题,而且要花点心思来对待自己的家庭生活。

对于一个女人来说,如果有人发现她身上的微小变化,她就会有一种被认同的满足感。

几乎所有的姑娘,多多少少会有对男友表示过不满。其中最常见的是,当她从美发厅出来,梳着一个新发型,或新买了一件漂亮的衣服,兴致勃勃地等待男友赞美的时候,她的男友却好像视而不见。

“喂,你到底发现没有,我是不是哪里跟以前不大一样了?”即使她这样问,他也还像是没有察觉到的样子:“哦,是吗?”再不然就是:“你的意思是说,你的发式变了,是吗?”或者:“哦,好像你的衣服有点变化,对不对?”

像这样的回答,往往使她大为扫兴,甚至使双方都不愉快。如果女友今天的发型或服饰突然有了变化,作为她的男友,起码也应该主动问一句:“今天你去过美发厅了?”或是:“你穿的这件衣服是今天刚买的吗?”

只要你有意无意地问一声,她就会感到满意,不会因为你无动于衷而独自生闷气了。

因此发型也好,身上的服饰也好,只要有一点点改变,经你一说,她就会自我满足了。

一般女性不喜欢做太大的改变,所以,即使想改变一下自己一贯的形象,也不会大换装。她们往往只在那些细节上反复琢磨,这也仅仅是想引起别人的注意或得到几句赞美。

如果你是细心的男人,能够做出这些看似琐碎的事情,也许会给自己带来恋情的好运。

“凡事一逝不可追,因此,凡是有益于任何人,而我又可以做的事情,或是我可以向任何人表示亲切的事情,我现在就去做。不可因循,不可疏忽,因为凡事一逝不可追。”这一句话,每一个人都应记住,并时刻用它来提醒自己。

## 自作聪明，反为所累

很多人之所以在爱情中受挫，一个很大的原因是他们总是自作聪明，爱挑对方的毛病，这是非常不好的做法。一般而言，女性的心理承受能力较弱，喜欢挑别人的毛病，却不允许别人这样对她。

有一位男性初恋时,在对方写给他的情书上胡乱批改,以至于挑出了十来个错别字。非但如此,他还将被自己批改过的情书和回信一同寄给对方。谁知这信寄了以后,就好像石沉大海,再也没有姑娘的消息了。

原因是什么呢?姑娘早就讨厌了:“好像就你是一个大学问家,就你的知识渊博,写个错别字还需要你正儿八经地写信来指教。”姑娘的自尊心受到伤害,你为什么不知道她的内心世界呢?对姑娘的脸面你怎么也毫不顾及呢? 一般来说,女性对于自己未去过的地方,总是有一种想去探求的好奇,并希望有个“知情人”当向导。否则,她们会感到茫然无措。

因此,当你和你的女友同行时,切不要自作聪明地瞎冲乱撞,而应该选择自己熟悉的地方,避免出现迷路而又不知所措的场面。

现在的年轻人当中,有很多人对自己不满的事总是很明确地表现出来。而在社会中,经常心怀不满而怨天尤人的人是很受排斥的。因为人们把这种人看成是“一天到晚只会发牢骚的讨厌鬼”,甚至将其看成是心愿和思想不正常的人。

但是对女性来说,她并不认为自己是有怨气而不受欢迎的人。然而

“有诸内必形诸外”,无论她怎样掩饰,终于要表现出她的不满和抱怨。这时,你责备她只会任性、抱怨,必然会引起她的反感。

因此,即使你要反驳她,也应该采取“先顺后逆”的说话方式,即首先赞同她的观点,仿佛与她站立在同一立场上。然后再用“但是”、“不过”等词来一个转变,向她陈述与你不同的意见。

要博得女性芳心,首先必须力求避免她以任何方式拒绝你的追求。因此,在谈话之间必须十分小心,要研究谈话方式,什么事尽量先顺从她,与她保持一致。实在不行时,也应在“但是”上多动脑筋,狠下功夫,如此,才能使她很快地接受你的意见。

多一点谅解,就会少一点埋怨;多一点包容,就会少一点对抗。生活如此,恋爱更是如此。

## 爱在心口难开

要想在情场上指点江山，找到如意的另一半，享爱甜美的爱情，就要大胆地去表达。只有表达，才会让别人知晓你心中所想。如果心中有爱却“金口难开”，终归会让爱神与你擦肩而过。

李刚是个帅气的小伙子,暗恋着公司里一位漂亮的女孩,却苦于不知如何表达。女孩的一颦一笑令他动心,而女孩的变化无常又让他觉得捉摸不定。一天见不到女孩他便坐立不安,魂不守舍。他很想向女孩倾吐自己的感情,但话到嘴边,又突然泄了气。为此他深感苦恼,不知如何是好。

弗洛姆在《爱的艺术》一书中指出:“爱,不是一种本能,而是一种能力,可经有效的学习而获得。”这真是一句鼓舞人心的话,让渴望爱情的人充满了憧憬。那么,我们要如何寻求到自己心中的爱人?

吴迪是一位长得美丽且通情达理的姑娘,公司上上下下的人都喜欢她,特别是那个还未找到女朋友的小伙子,更是有事无事地围着她转。不过,精明强干、风流倜傥的王鹏却总是一副不屑一顾的神情。

过了一段日子,传出消息说吴迪“名花有主”了,男朋友竟是公司里最不起眼的张驰。看着他俩进一双出一对的甜蜜样子,有人不禁叹息道:“唉,一朵鲜花插在牛粪上。”帅哥王鹏最为沮丧。

原来,吴迪一到公司上班时王鹏就喜欢上了她,他也看出,当自己的眼睛与吴迪相视时,她的目光亦是亮亮的、柔柔的,闪动着一种妙不可言的东西。然而,当那几个长相一般的小伙子围着吴迪转的时候,王鹏的自尊心却在作怪。因为自己长得帅,身边有不少女孩子"陪"着,就不愿屈尊去"陪"吴迪,但在心里却巴不得吴迪来"陪"自己,他一直固执地认为,这么漂亮的女孩只有我王鹏配得上。

直到发现张驰锁定了吴迪的爱情后,才知道自己输得很惨。

确实,在现实生活里,不少人看见漂亮女孩找了个相貌平平的男朋友就会感到惋惜,认为不般配。然而,为什么这个平常的男士能赢得如此美丽女孩的芳心呢?

你别看女孩子含羞带笑,温柔文静,其实在她的心里,早就将身边的男孩一个个地排起了队。一般来说,仪表当然是首选的,但女孩子在青春期架子大,爱摆谱,当然,这也是男孩的恭维给宠坏的。如此一来,那些肯低头,愿捧女孩的小伙子在她心目中的印象分就自然提高了。特别是漂亮的女孩,假如男孩能够以发自内心的关爱对其侍奉,即使男孩子相貌差些,说不定也能锁住她的芳心。但是在通常情况下,仪表堂堂的小伙子就做不到这一点。由于自己长得帅,身边不缺女孩,自视身价不低,怎么可以屈尊"哄你"?因此,即使漂亮的女孩起初也曾被其外表打动,但从长远考虑,假如以后一辈子受这样的"美男人"的牵制,倒不如找一个能够呵护自己的男士过日子。只要自己感觉幸福,别人爱怎么说就怎么说好啦。

因此,所有想找漂亮女孩做朋友的小伙子,当你爱上她时,千万别学这位帅哥王鹏,一定要"爱她在心就开口",不然的话,吃亏的可就是你自己。

“你若是那含泪之射手/我就是/那一只/决定不再躲闪的白鸟/只等羽箭破空而来/射入我早已破裂的胸怀。”从诗人的吟唱中,我们读出了一种生命的渴望。朋友,你还等什么?勇敢地射出你的丘比特金箭吧!

## 不会求点甜言蜜语

大家所熟悉的大文豪马克·吐温常常把写有“我爱你”，“我非常喜欢你”的小纸条压在花瓶下，给妻子一份意外的惊喜。这种习惯伴随他的一生。可见，甜言密语绝非多此一举，而是恋人们增进感情的一个良好途径。

笨嘴拙舌的人与甜言蜜语无缘,他永远也尝不到甜言蜜语带来的甜头。

不论是一见钟情的少男少女,还是同舟共济几十年的老夫老妻,绵绵情话总是说了又说,讲了又讲。每每听到爱人说“我爱你”,总是能激起万般柔情,千种蜜意。恋爱总离不开交谈,这似乎是经验之谈,对初次相见的男女来说尤其如此。

已婚夫妇也需要交谈,虽然说情感的交流是多渠道的,但语言交流是到什么时候也淘汰不了的。

艾莉结婚刚进入第三个年头,就和丈夫分居了。她对律师说:“他一定是有问题。每天回家很少和我说话,吃完饭就一下躺到沙发上看电视,再也不想起来,一直到深夜。看完最后一个电视节目,就爬上床,也不问我是否劳累,是否有兴趣,就要求做爱,一句多情的话也没有,仿佛情话都在结婚以前说完了,实在让人难以忍受。”

艾莉需要的并非什么奢侈品,只是丈夫那柔情蜜意的私语。

美国加州医学院精神与心理临床研究专家巴巴克说:“对许多妇女来说,恋爱与感受到爱远比做爱重要。尤其对那些忙于家务、整天带孩子的妇女来说,更是如此。那种巧妙的、带刺激性的私语往往使她们获得真正的快慰。”

42岁的卡克与达娜已结婚8年,他记得曾一度羞怯于向妻子倾吐自己满腔的爱。“有一天晚上,我深吸了一口气后,滔滔不绝地向她倾诉了对她的柔情,对她的爱恋。我告诉她:对我而言,你是世界上最不平常的女子。我这番热情洋溢的话使她万分激动,连我自己也感动不已。现在,我一有机会便向她诉衷肠,而我每次都觉得感情比以前更为炽烈。”

可是,应该说什么呢?怎样说才能使说的人不至于做作,听的人不觉得肉麻呢?卡耐基建议说:“当你感到一股穿堂风吹过或觉得闷热时,你说些什么呢?你会脱口而出:‘真凉快!’或是:‘真热!’无须多想,也用不着长篇大论,爱的语言就是这样。如果你正和爱人呆在一间屋里,你觉得能和她在一起真高兴,那你就对她说:‘和你在一起我真高兴。’”

恋爱中的男女相处的时候,有时甜言蜜语非常受用,尤其是爱情已到了接近谈婚论嫁的阶段,你不妨大胆些,在言语间多放点“蜜”。

一般来说,女人有爱听温柔、甜蜜语言的天性,沐浴在爱河中的人的字典里,是没有老套的字眼的。

任何海誓山盟,“爱你爱到骨头里”的话也可说,不必怕肉麻,除非你并不爱她。

与她久别重逢时你可以讲:“好像在做梦,多么希望永远不要清醒。”

你以充满爱意的眼神望着你的心上人:“总是惦念着你!我的感觉,

好像一直跟你在一起。”

这是“无法忘怀、时时忆起”的心境,只要谈过恋爱的男女,一定有此经验。上面那句话可以反复使用。相爱之初,热烈的甜言蜜语绝对不会使人感到厌烦,也许还认为不够呢!

“你喜欢我吗?”你不妨大胆地问。

“说说看,喜欢到什么程度?”或用这样的语气追问。

“请你发誓,永远爱我!”甚至你单刀直人地这样对他撒娇说。

“世界是为我们而存在,对不对?”

“你爱我,我可以抛弃一切!你也是这样?爱就是一切。”

有很多女性使用如此甜蜜的词句来表达爱意。像这样的言语接二连三地向男性表示“永远不变的纯真爱情”,女性便会沉浸在自我陶醉之中。而男性的反应也会是积极的。

“可以发誓,我永远爱你一人。纵使海枯石烂,爱情也永不变!”男性若能够将其流利地说出来,一定表示他并不重视你,因为他对任何女性都这么说。普通男性会说:“又来了!”感到畏缩与失望,口中哼哼嗯嗯地无法给予明确的回答,心中还想着其他的事,譬如房子需要分期付款。

“对永恒不变的爱无法负责。”事实上,这才是男士的真心话。

当然,在爱情上“我爱你”的言辞用得过多,未免有庸俗之感,倘若换用“我需要你”,就显得有实际的感觉。“需要”与“爱”所表现的感受,对男性而言,似乎前者胜于后者。

男性在社会活动中,喜欢被人发现自己的存在价值。

恰当地运用甜言蜜语,可以使两人之间的爱情温度逐渐升高。然而这样的话只能用两人听得到的声音互相呼应,如果在许多朋友面前得意地大声说出来,周围的人会感觉很扫兴,还会很恶心。

“怎么了愁眉苦脸的熊猫,明天工作一定会顺利进行,提起精神,振作吧!”你选用这很开朗的呼唤与安慰,这时他会回答:“我是愁眉苦脸的熊猫,那么你是花蝴蝶?”

甜蜜的称呼也会使两人心心相印。他的心情会逐渐变好,感觉到你赠与的爱情的温暖。

甜言蜜语是恋爱中的男女不可或缺的,巧妙地运用甜言蜜语,无异于为爱情添上一种“情战增效剂”。

## 求爱有方法

“关关雎鸠,在河之洲;窈窕淑女,君子好逑。”两性相悦,如此优雅,唯有人类。无论人或动物,有一点是相通的,即通常情况下,动物的求欢,总是雄性处在主动状态,雌性处在被动状态。当然也有例外,但是绝少发生的。这是造物主的安排。

求爱必须有所恃,怡人的仪表、雅致的风度、丰厚的财富,这些自然是求爱成功的先决条件。但具备这些条件不等于求爱就一定成功,不具备这些条件,也不等于不能求爱。在相应文化,年龄、社会地位的男女之间,男子向女子展开求爱攻势,技巧起着十分重要的作用。技巧才是求爱成功的允要条件。求爱技巧如用一个简练的方程式表示,可以归纳为:

爱情=面皮+功夫+嘴巴+投其所好

试解如下:

面皮,面皮厚的意思。面皮厚,死缠着你喜欢的女子不放,又不使其讨厌。说想说的话,做想要做的事,不羞羞答答,理直气壮地说你爱她。不为自己的胡搅蛮缠羞耻，不羞于为她跑腿、捏脚、倒洗脚水。

功夫,功夫深的意思。只要功夫深,铁杵磨成针。试把你喜欢的女人当成终将被你摧毁的堡垒,兢兢业业,埋头苦干,任劳任怨,不计报酬。女人的心肠总是软的,一天不行一个月,一个月不行一年,功到自然成。

嘴巴,嘴巴甜的意思,甜言蜜语,甜而不腻。让她觉得你是世界上最忠实的雄性。瘦的话,说她苗条;胖的话,说她丰满;不算漂亮的说她漂亮;单眼皮的说她像韩国影视偶像。

投其所好,就是察言观色,说她想听的,给她想要的。打喷嚏给她递手帕,笑的时候陪她笑,哭的时候为她擦眼泪。

听说还有最狠的一招,就是屡试不爽的"电话牵引法"。

刚开始的时候,前两周每天固定一个时间打电话给她,最好是晚上,轻松地和她聊聊天。坚持下来,让她不自觉地形成习惯,就像到点要等着看精彩的电视剧一样,她慢慢地会产生强烈的约会意识,到这个点就会想起你的电话和你来。

集中火力猛攻两周,让你的电话成为她晚间生活的一部分,完全渗进她的思维之中。两周后,你告诉她,最近比较忙,要隔一天打给她。不用担心,这时,你已经占据主动了,效果会比天天打好。在不打电话的那一天里,她会期待明天的电话,回味昨天的内容。

一周后,你又说要出差了,不能天天打了。"距离产生美"。你在那遥远的地方,她难免会牵肠挂肚。而且,你在外地的长途,会更让她感受到你对她的重视。

"电话牵引法"是借用了"虚实相生"的道理,或者引用文艺理论的名词,叫"隐含的读者"、"有意味的想像空白"。你就像在设一个填空题,让对方来自动地填空。

许多人认为爱情只是彼此本能的一种牵引,不需要任何方式上的改进。却不知追求爱情也需具备一定的技巧和方法。有时,一个关键的技巧,便能助你赢得如意爱情。

含蓄地表达爱情,可以使话语具有弹性,不至于遭到拒绝就没法挽回。再者,这也符合恋爱时的羞怯心理。

含蓄表达爱情的方式可有以下几种:

暗示法

请看下面一则书信:

晓晓:

你好!

我想向你奉献出我的一颗心。

一颗包含全部思想、感情和灵魂的心，以换取你的一颗对等的心。

你愿意交换吗?

请你做出如下回答:A.愿意交换;B.不愿意交换。

说明:

1、请你在我们的固定教室(309教室)后墙的黑板的左下角写上A或B。

2、如果你猜不出我是谁,说明你心中根本没有我,因而也无须做任何答复。

“现代人”于×月×日

这样巧妙的表白,一定会赢得恋人的芳心。

## 选择自己的人生

人生的好坏由你自己的判断力决定，你就是作决定的人。

林肯曾说过这样一句话："所谓聪明的人，就在于他知道什么是选择。"

尽管一个人能否发展成功，往往是由很多因素一起起作用，但是最关键的还是取决于你的判断力。你能否成功，在很大的程度上就取决于你对局势把握的能力，对事物变化把握的能力，即你的判断力。

有人说，人的一生就是一个选择的过程。

这句话道出了人生最朴素、最简单，也是最重要的哲理。有选择就会有得到或者失去，我们一旦开始走，就只能朝着一个方向前进，所以，在面临人生关卡时，必须看准了，想好了，选对了。

过去，有一位长者，以先知先觉而著称。有一天，两个年青人去找他，想愚弄一下这位智者。

他们中的一个手里抓着一只雏鸟，见到老人后，他们说："智慧的人啊，你认为我手里的小鸟是死的还是活的？"

在他们二人看来，这个问题只有两个答案，鸟是死的或者活的。如果老人说是死的，他们就只需将手一松，小鸟就会展翅一飞；如果老人说鸟是活的，他们可以在不经意间用力一握，把小鸟弄死。

应该说，这是一次两难选择。

老人久久地注视着他们，微笑着回答说："我告诉你，我的朋友，这只鸟是死是活完全取决于你的手！"

正所谓，有什么样的选择，就有什么样的结果。当他们为了实现心中所想而采取行动的时候，无论是成功了还是失败了，都有一种选择。

那么，什么是选择呢？简单地说，选择就是给自己定位；选择就是给自己寻找前进的方向；选择就是为自己把握人生命运；选择就是为自己的生命重新注入激情；选择就是实现自己人生的目标。

只有选择，人生才有主题；只有选择，人生的坎坷才会被踏平；只有选择，人生才能冲破世俗的藩篱；只有选择，人生才能演奏出生命的华彩乐章。选择是人生永远的题目，不要指望谁来代替；选择是锻炼人的意志的最好方法。我们每一个人都在成长的路上学会选择，同时也学会了坚强。走哪条路是自己的选择，以什么事情为职业是自己的选择，失败了如何去面对是自己的选择，成功了如何走向下一个成功又是自己的选择，坚持自己的选择，执著于自己的选择，这就是对自己的人生的负责。

在这个世界上，通向成功的道路何止千万条，但你要记住：所有的道路，不是别人给的，而是你自己选择的结果。不管因为选择获得了什么样的结果，好的或者不好的，自己都应该对自己的选择负责任。如果不想因为选择而后悔，就更应该在选择之前做好一系列的准备，思想上的行为上的。

向左走？向右走？你准备好了吗？做命运的主人，选择自己的人生，你的未来将会一片光明。